U0150247

“十三五”国家重点出版物出版规划项目

海洋机器人科学与技术丛书

封锡盛　李　硕　主编

海底观测网

李智刚　冯迎宾　孙　凯　著

科学出版社
龍門書局
北　京

内 容 简 介

本书以作者的海底观测网设计、建设、运行管理知识和经验积累为基础，结合国内外海底观测网技术研究现状和发展趋势，系统介绍海底观测网的科学意义、建设需求、国内外研究建设情况、系统组成、关键技术、应用价值等方面内容。本书内容涵盖海底观测网网络设计、网络建设、网络施工、网络维护等多方面理论知识研究成果及实践经验总结。

本书可供控制科学与工程、船舶与海洋工程等专业方向的教师和研究生阅读参考，也可供自然科学和工程技术领域的研究人员阅读参考。

图书在版编目(CIP)数据

海底观测网 / 李智刚，冯迎宾，孙凯著. —北京：龙门书局，2020.11

（海洋机器人科学与技术丛书/封锡盛，李硕主编）

“十三五”国家重点出版物出版规划项目　国家出版基金项目

ISBN 978-7-5088-5871-5

Ⅰ. ①海…　Ⅱ. ①李…　②冯…　③孙…　Ⅲ. ①海底测量
Ⅳ. ①P229.1

中国版本图书馆 CIP 数据核字(2020)第 226728 号

责任编辑：姜　红　张　震　常友丽 / 责任校对：樊雅琼
责任印制：师艳茹 / 封面设计：无极书装

科学出版社
龍門書局 出版

北京东黄城根北街 16 号
邮政编码：100717
http://www.sciencep.com

中国科学院印刷厂 印刷

科学出版社发行　各地新华书店经销

*

2020 年 11 月第　一　版　开本：720 × 1000　1/16
2020 年 11 月第一次印刷　印张：10 1/4　插页：4
字数：207 000

定价：98.00 元

(如有印装质量问题，我社负责调换)

丛书前言一

浩瀚的海洋蕴藏着人类社会发展所需的各种资源，向海洋拓展是我们的必然选择。海洋作为地球上最大的生态系统不仅调节着全球气候变化，而且为人类提供蛋白质、水和能源等生产资料支撑全球的经济发展。我们曾经认为海洋在维持地球生态系统平衡方面具备无限的潜力，能够修复人类发展对环境造成的伤害。但是，近年来的研究表明，人类社会的生产和生活会造成海洋健康状况的退化。因此，我们需要更多地了解和认识海洋，评估海洋的健康状况，避免对海洋的再生能力造成破坏性影响。

我国既是幅员辽阔的陆地国家，也是广袤的海洋国家，大陆海岸线约 1.8 万千米，内海和边海水域面积约 470 万平方千米。深邃宽阔的海域内潜含着的丰富资源为中华民族的生存和发展提供了必要的物质基础。我国的洪涝、干旱、台风等灾害天气的发生与海洋密切相关，海洋与我国的生存和发展密不可分。党的十八大报告明确提出："提高海洋资源开发能力，发展海洋经济，保护海洋生态环境，坚决维护国家海洋权益，建设海洋强国。"[①]党的十九大报告明确提出："坚持陆海统筹，加快建设海洋强国。"[②]认识海洋、开发海洋需要包括海洋机器人在内的各种高新技术和装备，海洋机器人一直为世界各海洋强国所关注。

关于机器人，蒋新松院士有一段精彩的诠释：机器人不是人，是机器，它能代替人完成很多需要人类完成的工作。机器人是拟人的机械电子装置，具有机器和拟人的双重属性。海洋机器人是机器人的分支，它还多了一重海洋属性，是人类进入海洋空间的替身。

海洋机器人可定义为在水面和水下移动，具有视觉等感知系统，通过遥控或自主操作方式，使用机械手或其他工具，代替或辅助人去完成某些水面和水下作业的装置。海洋机器人分为水面和水下两大类，在机器人学领域属于服务机器人中的特种机器人类别。根据作业载体上有无操作人员可分为载人和无人两大类，其中无人类又包含遥控、自主和混合三种作业模式，对应的水下机器人分别称为无人遥控水下机器人、无人自主水下机器人和无人混合水下机器人。

---

① 胡锦涛在中国共产党第十八次全国代表大会上的报告. 人民网，http://cpc.people.com.cn/n/2012/1118/c64094-19612151.html

② 习近平在中国共产党第十九次全国代表大会上的报告. 人民网，http://cpc.people.com.cn/n1/2017/1028/c64094-29613660.html

无人水下机器人也称无人潜水器，相应有无人遥控潜水器、无人自主潜水器和无人混合潜水器。通常在不产生混淆的情况下省略“无人”二字，如无人遥控潜水器可以称为遥控水下机器人或遥控潜水器等。

世界海洋机器人发展的历史大约有 70 年，经历了从载人到无人，从直接操作、遥控、自主到混合的主要阶段。加拿大国际潜艇工程公司创始人麦克法兰，将水下机器人的发展历史总结为四次革命：第一次革命出现在 20 世纪 60 年代，以潜水员潜水和载人潜水器的应用为主要标志；第二次革命出现在 70 年代，以遥控水下机器人迅速发展成为一个产业为标志；第三次革命发生在 90 年代，以自主水下机器人走向成熟为标志；第四次革命发生在 21 世纪，进入了各种类型水下机器人混合的发展阶段。

我国海洋机器人发展的历程也大致如此，但是我国的科研人员走过上述历程只用了一半多一点的时间。20 世纪 70 年代，中国船舶重工集团公司第七〇一研究所研制了用于打捞水下沉物的“鱼鹰”号载人潜水器，这是我国载人潜水器的开端。1986 年，中国科学院沈阳自动化研究所和上海交通大学合作，研制成功我国第一台遥控水下机器人“海人一号”。90 年代我国开始研制自主水下机器人，“探索者”、CR-01、CR-02、“智水”系列等先后完成研制任务。目前，上海交通大学研制的“海马”号遥控水下机器人工作水深已经达到 4500 米，中国科学院沈阳自动化研究所联合中国科学院海洋研究所共同研制的深海科考型 ROV 系统最大下潜深度达到 5611 米。近年来，我国海洋机器人更是经历了跨越式的发展。其中，“海翼”号深海滑翔机完成深海观测；有标志意义的“蛟龙”号载人潜水器将进入业务化运行；“海斗”号混合型水下机器人已经多次成功到达万米水深；“十三五”国家重点研发计划中全海深载人潜水器及全海深无人潜水器已陆续立项研制。海洋机器人的蓬勃发展正推动中国海洋研究进入“万米时代”。

水下机器人的作业模式各有长短。遥控模式需要操作者与水下载体之间存在脐带电缆，电缆可以源源不断地提供能源动力，但也限制了遥控水下机器人的活动范围；由计算机操作的自主水下机器人代替人工操作的遥控水下机器人虽然解决了作业范围受限的缺陷，但是计算机的自主感知和决策能力还无法与人相比。在这种情形下，综合了遥控和自主两种作业模式的混合型水下机器人应运而生。另外，水面机器人的引入还促成了水面与水下混合作业的新模式，水面机器人成为沟通水下机器人与空中、地面机器人的通信中继，操作者可以在更远的地方对水下机器人实施监控。

与水下机器人和潜水器对应的英文分别为 underwater robot 和 underwater vehicle，前者强调仿人行为，后者意在水下运载或潜水，分别视为“人”和“器”，海洋机器人是在海洋环境中运载功能与仿人功能的结合体。应用需求的多样性使得运载与仿人功能的体现程度不尽相同，由此产生了各种功能型的海洋机器人，如观察型、作业型、巡航型和海底型等。如今，在海洋机器人领域 robot 和 vehicle 两词的内涵逐渐趋同。

信息技术、人工智能技术特别是其分支机器智能技术的快速发展，正在推动海洋机器人以新技术革命的形式进入“智能海洋机器人”时代。严格地说，前述自主水下机器人的“自主”行为已具备某种智能的基本内涵。但是，其“自主”行为泛化能力非常低，属弱智能；新一代人工智能相关技术，如互联网、物联网、云计算、大数据、深度学习、迁移学习、边缘计算、自主计算和水下传感网等技术将大幅度提升海洋机器人的智能化水平。而且，新理念、新材料、新部件、新动力源、新工艺、新型仪器仪表和传感器还会使智能海洋机器人以各种形态呈现，如海陆空一体化、全海深、超长航程、超高速度、核动力、跨介质、集群作业等。

海洋机器人的理念正在使大型有人平台向大型无人平台转化，推动少人化和无人化的浪潮滚滚向前，无人商船、无人游艇、无人渔船、无人潜艇、无人战舰以及与此关联的无人码头、无人港口、无人商船队的出现已不是遥远的神话，有些已经成为现实。无人化的势头将冲破现有行业、领域和部门的界限，其影响深远。需要说明的是，这里“无人”的含义是人干预的程度、时机和方式与有人模式不同。无人系统绝非无人监管、独立自由运行的系统，仍是有人监管或操控的系统。

研发海洋机器人装备属于工程科学范畴。由于技术体系的复杂性、海洋环境的不确定性和用户需求的多样性，目前海洋机器人装备尚未被打造成大规模的产业和产业链，也还没有形成规范的通用设计程序。科研人员在海洋机器人相关研究开发中主要采用先验模型法和试错法，通过多次试验和改进才能达到预期设计目标。因此，研究经验就显得尤为重要。总结经验、利于来者是本丛书作者的共同愿望，他们都是在海洋机器人领域拥有长时间研究工作经历的专家，他们奉献的知识和经验成为本丛书的一个特色。

海洋机器人涉及的学科领域很宽，内容十分丰富，我国学者和工程师已经撰写了大量的著作，但是仍不能覆盖全部领域。“海洋机器人科学与技术丛书”集合了我国海洋机器人领域的有关研究团队，阐述我国在海洋机器人基础理论、工程技术和应用技术方面取得的最新研究成果，是对现有著作的系统补充。

“海洋机器人科学与技术丛书”内容主要涵盖基础理论研究、工程设计、产品开发和应用等，囊括多种类型的海洋机器人，如水面、水下、浮游以及用于深水、极地等特殊环境的各类机器人，涉及机械、液压、控制、导航、电气、动力、能源、流体动力学、声学工程、材料和部件等多学科，对于正在发展的新技术以及有关海洋机器人的伦理道德社会属性等内容也有专门阐述。

海洋是生命的摇篮、资源的宝库、风雨的温床、贸易的通道以及国防的屏障，海洋机器人是摇篮中的新生命、资源开发者、新领域开拓者、奥秘探索者和国门守卫者。为它“著书立传”，让它为我们实现海洋强国梦的夙愿服务，意义重大。

本丛书全体作者奉献了他们的学识和经验，编委会成员为本丛书出版做了组织和审校工作，在此一并表示深深的谢意。

本丛书的作者承担着多项重大的科研任务和繁重的教学任务，精力和学识所限，书中难免会存在疏漏之处，敬请广大读者批评指正。

中国工程院院士 封锡盛

2018 年 6 月 28 日

丛书前言二

改革开放以来，我国海洋机器人事业发展迅速，在国家有关部门的支持下，一批标志性的平台诞生，取得了一系列具有世界级水平的科研成果，海洋机器人已经在海洋经济、海洋资源开发和利用、海洋科学研究和国家安全等方面发挥重要作用。众多科研机构和高等院校从不同层面及角度共同参与该领域，其研究成果推动了海洋机器人的健康、可持续发展。我们注意到一批相关企业正迅速成长，这意味着我国的海洋机器人产业正在形成，与此同时一批记载这些研究成果的中文著作诞生，呈现了一派繁荣景象。

在此背景下"海洋机器人科学与技术丛书"出版，共有数十分册，是目前本领域中规模最大的一套丛书。这套丛书是对现有海洋机器人著作的补充，基本覆盖海洋机器人科学、技术与应用工程的各个领域。

"海洋机器人科学与技术丛书"内容包括海洋机器人的科学原理、研究方法、系统技术、工程实践和应用技术，涵盖水面、水下、遥控、自主和混合等类型海洋机器人及由它们构成的复杂系统，反映了本领域的最新技术成果。中国科学院沈阳自动化研究所、哈尔滨工程大学、中国科学院声学研究所、中国科学院深海科学与工程研究所、浙江大学、华侨大学、东华理工大学等十余家科研机构和高等院校的教学与科研人员参加了丛书的撰写，他们理论水平高且科研经验丰富，还有一批有影响力的学者组成了编辑委员会负责书稿审校。相信丛书出版后将对本领域的教师、科研人员、工程师、管理人员、学生和爱好者有所裨益，为海洋机器人知识的传播和传承贡献一份力量。

本丛书得到 2018 年度国家出版基金的资助，丛书编辑委员会和全体作者对此表示衷心的感谢。

"海洋机器人科学与技术丛书"编辑委员会

2018 年 6 月 27 日

前　言

海底观测网是利用海底光电复合缆和无线声通信方式，将安装在海底固定平台、移动平台上的一系列海洋观测仪器与陆基信息处理设备互联而成的开放式海底科学观测系统。其具备水下大功率远程供能、大规模数据采集和信息传输能力，实现对海底地壳深部、海底界面到海水水体及海面的大范围、全天候、综合性、长期、连续、实时的高分辨率和高精度的观测，是继地面与海面观测、空中遥测遥感之后，人类建立的第三种地球科学观测平台，将成为未来海洋探测与研究的主要方式。海底科学观测系统是地球观测体系中不可或缺的重要组成部分，也是人类研究、认识和利用海洋的重大科技基础设施。

近年来，世界各国对于海底观测的重视程度与日俱增。德国、法国、美国等欧美国家以及日本等国纷纷投入巨资建立海底观测网。尽管我国开展了大量海洋观测工作，但这些观测主要是依靠船基和岸基站，因此获得的数据都是短暂、单点、局部的，而且数据的分辨率低，从而影响了数据的科学价值并限制了人们对一些关键科学问题的认识。海底科学观测系统则具有其他观测手段难以比拟的优越性，为人类认识海洋提供了广阔时空尺度以及多类海洋内部特征的同步、实时、连续观测手段，可以开展物理、化学、地质、生物及声学的长期精细变化观测，广泛应用于海底过程、海陆相互作用、海洋生态环境变化以及全球变化等重大前沿基础科学研究，将成为海洋学多学科发展至关重要的科学研究平台。海底科学观测系统的建设对于促进海洋领域科技创新能力的持续与快速提升具有重要作用，也必将为海洋安全、海洋能源与资源开发、海洋灾害预警预报、海洋环境监测与保护、海洋工程试验、海洋科普教育等国家海洋战略需求提供强有力的支撑。经调查研究，我国涉海相关单位有大量必须依靠海底长期科学观测系统方能实施的工作，尤其是基础科学研究、国家安全、防灾减灾、能源资源开发等方面的单位都表达了成为海底科学观测系统用户的迫切意愿。可以预见，海底科学观测系统的建设及运行将产生重大的科学和社会效益。

本书就海底观测网构架、组成、功能、关键技术等方面进行介绍，其中包含许多海底观测网研发过程中的研究成果和工程实际经验、方案，希望能对广大海底观测网的关注者、研究者、应用者有所裨益。

感谢丛书主编封锡盛院士和李硕研究员在本书写作过程中对作者的指导和帮助，感谢所有助力海底观测网技术装备发展的人士。

由于作者水平有限，书中难免有不妥之处，敬请广大读者批评指正。

作　者

2020年3月

目　　录

1 绪　论

海洋覆盖了地球表面积的 71%，蕴藏着丰富的自然资源和矿产资源。海洋的化学、物理变化深刻地影响着地球地质运动及全球的气候和环境变化，对人类的活动产生了深远的影响。自古以来，人类从未停止过对海洋的研究和观测。随着科技的发展，海洋观测手段的丰富，人类对海洋的观测范围也逐渐从海面、近海延伸到大洋深处，直至海底[1]。假如把地面与海面当作观测地球的第一个平台，把空中的遥感遥测看作第二个观测平台，那么在海底建立的观测系统则是第三个观测平台[2-3]。

海底科学观测系统按观测范围可以分为海底观测站、海底观测链和海底观测网[4]。科考船、卫星遥测、中继浮标、无人潜水器等传统的海洋观测手段受制于能源和通信，只能获得局部的、时空不连续的海洋数据[5-6]；而海底观测网利用光电复合缆传输能量和信息，将各种海洋观测设备联网，把观测平台放置在海底，打破了能量和数据传输的限制，实现了对海洋的长期、实时、连续、原位观测[7]。海底观测网的提出和实施，使得大范围、长时间、连续、立体的海洋观测成为可能，为深入了解地球内部地质演变过程、海洋宏观尺度物理化学变化、地震监测、海啸预报等科学研究提供了一种全新的研究途径。

典型海底观测网示意图如图 1.1 所示。海底观测网主要由岸基站、光电复合缆(海缆)、分支单元、接驳盒、观测设备组成。

岸基站主要负责电能输送、电能管理监控、观测数据汇总处理、数据备份发布等工作，是能源集散地和信息汇总池，是整个海底观测网的科研、管理和控制中枢[8]。岸基站供电设备(power feeding equipment，PFE)将陆地电网输送的交流电转换为海底观测网需要的直流电，通过光电复合缆传输至水下各观测节点，为观测设备供电。岸基站电能管理监控系统(power management and control system，PMACS)实时监控海底观测网运行各个设备的运行状态，及时发现定位故障并报警。岸基站软件系统负责处理和备份大量观测数据，通过人机交互界面直观显示各种观测信息，为科研人员提供分析数据。岸基站的网络系统将海底观测网安全可靠地接入广域互联网，与其他海底观测网实现数据联网共享，为世界各地的研究人员提供研究交流的平台。

光电复合缆负责水下的电能传输和数据通信，是海底观测网的“血管”和“神经”[9]，其中电能的传输利用光电复合缆的铜管层作为传输介质，数据通信利用其中心的光纤对完成。根据光电复合缆在观测网络拓扑结构中的位置，其可以分为主干光电复合缆(主缆)和分支光电复合缆(支缆)。

图 1.1　海底观测网示意图

分支单元主要负责海缆分支，用于海底观测网的层次、区域划分，在多节点组网的过程中起着枢纽和桥梁作用；在海缆及水下节点发生故障时，可以及时检测隔离故障。

接驳盒是海底观测网重要的水下管理节点，主要功能是中继和分配：它将岸基站供电设备传输的直流电经过变换，转换为可以供观测设备使用的电能形式，通过接驳盒上的水下湿插拔接口为观测设备供电。同时接驳盒可与岸基站通信：执行岸基站发出的控制指令，实现对水下观测设备的远程控制；将观测设备采集的数据和状态信息实时上传至岸基站供科研人员分析处理。接驳盒按电能变换层次可分为主接驳盒和次级接驳盒。

观测设备是指安装于接驳盒上的各种观测设备，包括压力传感器、声呐、多普勒水流剖面仪、温盐深测量仪(conductivity-temperature-depth probe，CTD)、地震仪等，可以实现对海底物理、化学参数及地质运动的实时连续观测。为观测设备提供长期实时的能源、数据链路是海底观测网的任务使命，因此，观测设备也会随着观测区域、观测要素、布放时间的不同而不同。为了实现观测设备快速、便捷地搭载于海底观测网，一般通过水下可插拔连接器将观测设备连接于接驳盒上（一般是次级接驳盒），通过遥控潜水器（remote-operated vehicle，ROV）远程遥控实现观测设备的水下插拔。

海底观测网铺设在海底，设计使用寿命20年以上，对系统可靠性要求非常高，要求每个部件都具备极高的可靠性。海底环境复杂恶劣，子系统或部件难免发生故障，出现故障后维修困难且费时费力，海底观测网必须具备较强的抗故障能力，能够准确检查定位故障并及时隔离故障，保证无故障部分继续工作。海底观测网建设施工难度大、周期长，需要分阶段建设；系统运行时间长，需要为后续改造建设留有余地，因此海底观测网要具备良好的兼容性和可扩展性。兼容性是指能与其他海洋观测平台如自治式潜水器（autonomous underwater vehicle，AUV）、ROV、锚系浮标系统方便接入；可扩展性是网络建成后可以方便地扩展观测节点或子网络，实现观测区域的扩大和观测手段的丰富。

参 考 文 献

[1] 宋雨泽, 刘星, 李彦, 等. 海底观测系统关键技术研究[J]. 海洋湖沼通报, 2019(4): 47-54.

[2] 陈鹰. 海洋观测方法之研究[J]. 海洋学报, 2019, 41(10): 182-188.

[3] 陈鹰, 连琏, 黄豪彩, 等. 海洋技术基础[M]. 北京: 海洋出版社, 2018.

[4] 宋帅, 周勇, 张坤鹏, 等. 高精度和高分辨率水下地形地貌探测技术综述[J]. 海洋开发与管理, 2019, 36(6): 74-79.

[5] 王积鹏. 海洋信息网络建设思考[C]//2019 年全国公共安全通信学术研讨会优秀论文集, 中国通信学会. 北京: 电子工业出版社, 2019: 143-151.

[6] 陈杰, 张晓楠, 蔡玉龙, 等. 海底观测网络数据管理系统设计[J]. 山东科学, 2019, 32(3): 1-9.

[7] Cui J H, Kong J, Gerla M, et al. The challenges of building scalable mobile underwater wireless sensor networks for aquatic applications[J]. IEEE Network, 2006, 20(3): 12.

[8] Fazel F, Fazel M, Stojanovic M. Random access compressed sensing for energy-efficient underwater sensor networks[J]. IEEE Journal on Selected Areas in Communications, 2011, 29(8): 1660-1670.

[9] 何成波, 吴学智. 基于海底光缆通信网的海底观测网拓扑应用研究[J]. 通信技术, 2019, 52(6): 1415-1421.

2
接 驳 盒

2.1 接驳盒功能和设计要求

接驳盒是海底观测网重要的组成部分，起到电能分配、数据汇聚、观测设备搭载等重要作用[1]。接驳盒分为主接驳盒和次级接驳盒。主接驳盒可分支多个次级接驳盒，次级接驳盒搭载观测设备。

主接驳盒功能主要是可分支出多个次级接驳盒，并为次级接驳盒及其上搭载的观测设备提供总的能源供应和数据汇聚、链路分配等服务[2]。次级接驳盒的主要功能是搭载观测设备，并为观测设备提供能源供应和数据交换服务。

接驳盒供电监控管理系统的设计要求主要有：可靠性、模块化、紧凑性和密封舱散热[3]。

1. 可靠性

海底观测网长期工作在恶劣的海底环境中，供电系统是否稳定是海底观测网能否正常长期运行的关键。供电监控系统的高可靠性是保障供电系统稳定运行的前提。随着海底观测网结构日趋复杂，海底观测网需连接越来越多的观测设备，给众多观测设备合理分配电能，保障观测设备正常运行是供电监控系统的主要功能。一旦供电监控系统出现故障，后果非常严重，会造成无法估量的损失。任何用于监控的元器件都把可靠性放在第一位。影响供电监控系统可靠性的因素中，除了本身的软硬件技术起决定作用外，还有工作环境、电磁干扰、机械应力等因素不容忽视，而供电系统本身就是一个强干扰源。所以，供电监控系统的可靠性非常重要。

2. 模块化

海底观测网接驳盒供电监控系统分为岸基站远程监控部分和水下接驳盒监控部分。为了提高供电系统的智能化和可靠性，采用模块化结构，维护简单、迅速。

供电监控系统工作于海底，维修故障的代价非常昂贵。供电监控系统分为监控模块、电能转换模块、电性能监测模块、温度监测模块、漏水监测模块、开关模块。监控模块位于接驳盒的控制舱体内，它除了具有采集运行状态及参数、自动隔离故障功能外，还具备与岸基站远程监控计算机的通信功能，即能实时接收和响应岸基站发送的命令，并能把运行状态、参数传送给岸基站。对关键模块进行冗余设计，当模块出现故障时，可以自动切换，不影响整个系统的运行。

3. 紧凑性

功能模块应进行紧凑性设计，缩小舱体的体积，降低舱体成本。接驳盒放置在海底，如果体积太大，难免增加布设难度。在未来成熟的海洋设备中，体积应该在满足需要的情况下尽可能小，所以我们在设计接驳盒供电监控系统时应该考虑到体积影响，使各个模块尽可能紧凑。

4. 密封舱散热

优良的密封舱散热性能有利于提高电路系统的使用寿命。接驳盒拥有两级电压转换模块：第一级为 10kVDC/375VDC 模块，功率为 10kW，转换效率达到 90%时，发热功率达到 1kW，如果散热性能不佳，接驳盒温度过高，易造成电路系统发生故障；第二级为 375VDC/24VDC 模块，多个电源模块易造成热能集中。大部分电子元器件失效的原因是工作环境温度过高。可以通过充油、优化机械结构等设计系统散热，提高散热效率，使系统在更低的温度下稳定运行，延长整个系统使用寿命。

2.2 接驳盒设计

2.2.1 防腐设计

1. 防腐材料选择

海水中含有大量的无机盐，一般质量分数在 3%左右，是天然的强电解质。在无机盐成分中，NaCl 约占 78%，$MgCl_2$约占 11%，$MgSO_4$约占 5%，$CaSO_4$约占 4%，K_2SO_4约占 2%等。在上述阴离子中，Cl^-约占 55%，质量分数最高，高浓度 Cl^-的存在是各种金属在海洋环境中受到严重腐蚀的主要原因。Cl^-较多使得各种金属难以钝化，而且使大部分的钝化膜稳定性变差，极易发生点蚀[4]。

在海洋环境中的金属结构件腐蚀类型主要有均匀腐蚀、点蚀、缝隙腐蚀、冲击腐蚀、空泡腐蚀、电偶腐蚀等。受材料本身、使用环境及具体结构设计的影响，水下金属材料的腐蚀问题表现复杂，是多种因素交叉影响的结果。

接驳盒内部的各种光电设备需安装在防水的密封舱体中，各种腐蚀现象将直接导致密封的破坏，引起严重事故。密封舱体是一种水下承压结构，密封部位加工精度高，防腐涂层无法满足密封部位的高加工精度、高强度的结构要求，因此对舱体材料提出了很高的防腐要求[5-6]。

为满足接驳盒长期工作于海水环境的要求，必须针对作业环境和结构要求挑选具有长期防腐性能的建造材料。

通常情况下，金属材料在海水中的腐蚀受腐蚀电位的高低影响较大，腐蚀电位是衡量金属防腐性能的重要指标。常见水下金属材料在海水中腐蚀电位如表 2.1 所示。

表 2.1　常用水下金属材料在海水中的腐蚀电位

材料牌号	稳态腐蚀电位/V	电位稳定时间/d	初始电位/V
LD2-CS	–0.68	40	–0.74
LC4-CS	–0.67	20	–0.65
2Cr13	–0.44	15	–0.24
1Cr18Ni9Ti	–0.13	15	+0.03
00Cr19Ni10	–0.12	60	+0.01
000Cr18Mo2	+0.12	90	+0.16
TA5	+0.31	100	–0.09
TA2	+0.38	100	–0.09
HRS-3	+0.40	90	+0.12
HRS-2	+0.42	90	+0.15

铝合金的初始电位及稳态腐蚀电位都较低，受海水的腐蚀影响最严重；不锈钢类材料稍好一些，但较低的稳态腐蚀电位还是会导致腐蚀的持续发展，其中 000Cr18Mo2 的稳态腐蚀电位较高，但容易发生局部点蚀，同时表面的钝化膜在氯离子的影响下不稳定，也不能成为理想的长期应用材料。

钛合金和哈氏合金类材料的稳态腐蚀电位高于初始电位，说明钝化能力较强。其中，钛合金类材料最为理想，钝化层非常稳定，在常温海水中基本不发生腐蚀；哈氏合金类的不锈钢材料稳态腐蚀电位最高，具有应用价值[7]。

2. 防腐结构

钛合金是一种非常理想的材料，但价格昂贵，如果接驳盒完全采用钛合金制作，会导致成本大幅提高，因此需要对材料进行合理搭配选择，降低制造成本。

海水是一种强电解质，当两种不同金属相连接并暴露在海洋环境中时，通常会产生严重的接触腐蚀。在相连接的电偶中，一种金属是阳极，另一种金属是阴极，接触腐蚀的程度主要取决于两种金属在海水中的电位序的相对差别及相对面积比。在海水完全浸泡的环境，接触的两种金属间会在较大的距离内产生明显的接触腐蚀，将影响到整体的结构寿命，增加故障率。常见金属材料的接触腐蚀测试结果如表 2.2 所示。

表 2.2　常见金属材料的接触腐蚀测试结果

测试材料	腐蚀速率与接触效应①	接触材料							
		不接触	钛合金②	TA5 钛合金	TA5 加绝缘	B30 铜镍合金	紫铜	硅黄铜	不锈钢
钛合金②	腐蚀速率/[g/($m^2 \cdot d$)]	0	—	—	—	0	0	0	0
	接触效应	—	—	—	—	—	—	—	—
B30 铜镍合金	腐蚀速率/[g/($m^2 \cdot d$)]	1.29	1.80	—	—	—	0.56	0.35	2.57
	接触效应	—	1.40	—	—	—	0.43	0.27	1.99
紫铜	腐蚀速率/[g/($m^2 \cdot d$)]	5.90	6.33	—	—	7.10	—	—	6.88
	接触效应	—	1.07	—	—	1.20	—	—	1.17
硅黄铜	腐蚀速率/[g/($m^2 \cdot d$)]	7.42	7.90	—	—	9.06	—	—	—
	接触效应	—	1.07	—	—	1.20	—	—	—
不锈钢③	腐蚀速率/[g/($m^2 \cdot d$)]	0.065	0.18	—	—	0.02	0.02	—	—
	接触效应	—	2.77	—	—	0.31	0.31	—	—
608 铸钢	腐蚀速率/[g/($m^2 \cdot d$)]	27.9	50.4	—	—	57.4	—	—	—
	接触效应	—	1.81	—	—	2.06	—	—	—
LY12 铝合金	腐蚀速率/[g/($m^2 \cdot d$)]	0.170	—	0.159	0.133	—	—	—	—
	接触效应	—	—	0.94	0.77	—	—	—	—
902 钢	腐蚀速率/[g/($m^2 \cdot d$)]	6.47	—	9.18	5.09	—	—	—	—
	接触效应	—	—	1.40	0.88	—	—	—	—

①接触条件下的腐蚀速率与无接触条件下的腐蚀速率之比；
②未注明牌号；
③牌号为 1Cr17Mn-Ni3MoCu2N（铸态）

为了控制或阻止电偶的加速腐蚀，首先，应考虑通过在两种金属的连接处加上一层绝缘层来切断电路的可能性；其次，若不能采用可靠的绝缘，则应在电偶的阴极上覆以不导电的保护涂层，通过减小阴极面积或完全除去阴极，腐蚀也会相应地得到控制。

接驳盒在结构设计上，通过在异种金属间增加绝缘隔离层能够有效降低电偶腐蚀的现象发生。一方面，绝缘隔离层能够切断阳极和阴极间的电流通道；另一方面，选择附着力强、绝缘良好、完全覆盖的隔离层能够大幅提高材料的防腐性能，使低成本、不耐腐蚀的金属材料能够在海洋环境长期应用。

部件在介质中，金属与金属或金属与非金属之间形成特别小的缝隙，使缝隙内介质处于滞流状态引起缝内金属的加速腐蚀，这种局部腐蚀称为缝隙腐蚀。几乎所有的金属和合金都会产生缝隙腐蚀。充气的含活性阴离子的中性介质最容易引起金属的缝隙腐蚀。

在电解质溶液中，金属结构部件由于彼此靠近或者损伤的原因形成了宽度足以使介质浸入的缝隙，在缝隙内基体加剧腐蚀。由于已经存在闭塞区，缝隙腐蚀更容易发生，因此缝隙腐蚀发生的范围更为广泛。

缝隙腐蚀通常发生在金属之间或金属与非金属材料之间形成的微小缝隙处，如螺钉、铆接、焊接接头处，当缝隙宽度在 0.025～0.1mm 范围内时，缝隙内的电解质无法有效与外部环境进行物质交换，从而导致加速腐蚀的现象。缝隙腐蚀表现多样，且其发生及发展具有不确定性，甚至会有一定的潜伏期，即在无明显征兆的前提下突然发生快速腐蚀，对结构件具有极大危害[7]。

在结构设计上，要通过结构的优化避免构件之间的微小缝隙，在无法避免的缝隙处如密封部位采用耐蚀性能好的钛合金或双相不锈钢，在螺纹连接部位对紧固件进行表面绝缘镀层处理，能够有效降低缝隙腐蚀的危害。

2.2.2 机械结构

单独针对接驳盒从网络的物理层次结构上进行划分，海底观测网可分为主接驳盒、次级接驳盒、海洋观测仪器平台等几个主要部分，根据考察对象的不同，还可以继续进行网络层级的扩展，形成更多的层次结构。通常情况下，主接驳盒和次级接驳盒构成了基础、相对固定的观测网络，海洋观测仪器平台等则作为终端设备进行各种数据的探测和采集。

国际上有代表性的观测网络，如加拿大的“海王星”海底观测网——东北太平洋时间序列海底网络试验(North-East Pacific Time-Series Undersea Networked Experiments，NEPTUNE)[8]，日本的地震和海啸海底观测密集网系统(Dense Ocean Floor Network System for Earthquakes and Tsunamis，DONET)[9]等，都是基于自身的功能特点，根据实际的运行环境进行针对性设计，符合实际需要。DONET 的接驳盒及主要设备如图 2.1 所示。

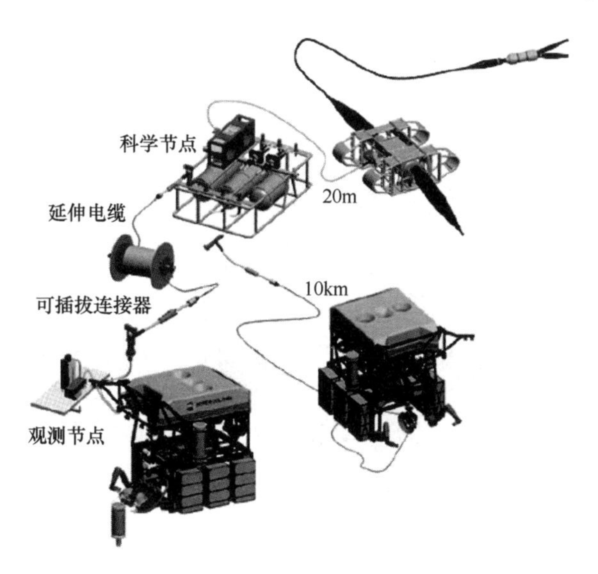

图 2.1　日本 DONET 网络基本结构

主接驳盒和次级接驳盒并没有严格意义上的功能划分，次级接驳盒主要完成主接驳盒附近地点的网络扩展。在需要大量观测仪器的情况下，可以有更多层次的次级接驳盒来增加网络密度；在不需要大量观测仪器的情况下，主接驳盒也完全可以替代次级接驳盒的网络扩展功能。

接驳盒的结构设计以功能为前提，针对特殊的水下工作环境及水下布设、水下接驳要求进行特殊设计。

主接驳盒是海底观测网络的主要节点，担负局部区域的电能及通信中枢的功能。每个次级接驳盒都通过海缆连接主接驳盒获得电力及通信通道，将下级的海洋观测仪器平台采集的数据上传至主接驳盒，再通过主海缆上传至岸基站。

以广泛采用的单极高压配电系统为例，主接驳盒内部主要结构如下。

1. 光电分离单元

采用单极高压配电的主海缆内部结构(图 2.2)如下。

主海缆由外向内分别为外层的防护层、外层铠装、内层聚乙烯绝缘护套、导电铜套管、内层铠装及具有不锈钢护套的光纤。该结构直径小，抗拉强度高，防护能力强，为大多数海底观测网采用。

承载高压电的海缆接入接驳盒后，首先要进行光电分离，将高压电与光纤通路进行物理分离，分别引入水下变压舱与水下控制舱。设置独立的水下变压舱、水下控制舱，并进行光电分离的主要原因如下。

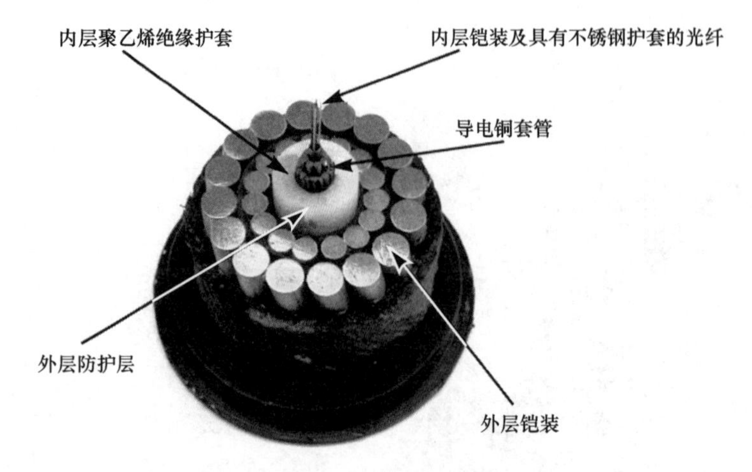

图 2.2　主海缆结构

(1)受材料及成本限制，光电混合的水下可插拔连接器通常耐压能力低于1000VDC，无法直接用于高压情况下的光电混插。

(2)变压舱内部具有高压的 DC/DC 转换模块，会造成强烈的电磁干扰，与控制单元接近会影响水下控制系统的可靠性。

(3)光电分离单元采用 25 年周期的全寿命设计，除了选用高强度的耐腐蚀材料设计耐压壳体，还需注意光纤的长寿命周期防护。

(4)海底观测网的光纤必须具备长时间、高可靠性的运行能力，同常规使用的光纤相比较，还需要考虑降低氢损影响。

光纤的氢损现象被发现于 1982 年，氢气渗入光纤，导致光纤损耗增加，当环境中含有氢气时，氢气会扩散到光纤内部，并与光纤中的缺陷部位发生反应，造成光纤衰减的增加，对数据通信造成不利影响。处于封闭环境中的氢气具有多种来源：来自光缆元件所释放的包括与材料长期老化效应相关而产生的氢；泵入光缆中压缩空气所包含的氢；潮气存在时金属元件腐蚀作用的析氢；生化腐蚀产生的氢等。

因此，除了在光纤材料上选择符合海底光缆使用要求的低氢损光纤，还要在光电分离单元内部增加干燥剂的使用，降低金属腐蚀的析氢反应。

2. 水下变压单元

水下变压单元接收来自主海缆的高压直流电，经内部的变压器转换成较低的电压，供给控制舱内部及次级接驳盒进行工作。

由于电压较高，单一的 DC/DC 变换器不能满足耐压的条件，可以利用基本模块在输入端串联组合的方法解决在输入端耐压的问题，通过计算选取适当的串联级数满足输入端高压的条件。每个基本模块实现相应的 DC/DC 变换，输入输出之间电气隔离，为了便于增加输入端的串联级数，每个基本模块均由相应的驱动芯片控制，驱动芯片由基本模块自身供电。当某一路模块出现故障时自由退出，恢复时自行接入(图 2.3)。

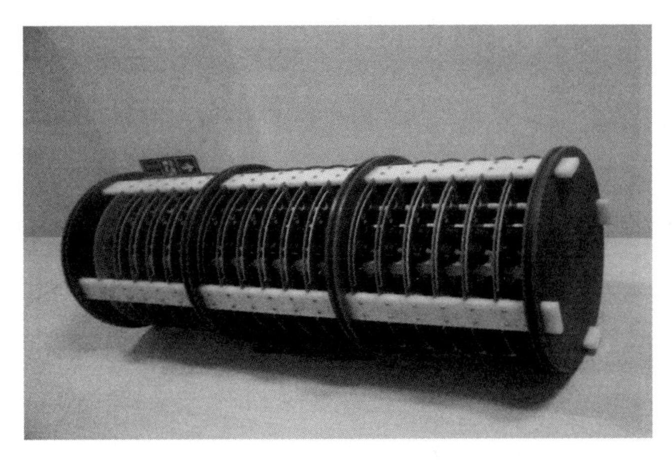

图 2.3　变压器结构

水下变压器的效率有限，按 90%的转换效率计算，当输入功率达到 10kW 时，会有 1kW 的电能转变为热量散发，对于狭小密闭的空间，仅依靠空气对流远远不能满足散热需求。因此，从散热的角度出发，使用高绝缘性、低腐蚀性的液体进行浸泡式散热是一种有效的手段。

一般使用长寿命的变压器油或氟化液，能够达到理想的散热效果，同时，高绝缘性介质的添加可以有效降低高压电的击穿能力，能够缩小整体的空间占用。

水下变压单元内部充液后解决了散热问题，带来了其他问题。为了满足绝缘及散热需求，变压单元内部液体要尽量充满，填满所有空隙。

当所有空隙都被填满时，变压器的工作环境受外部环境影响将非常显著：温度的变化会引起液体的热胀冷缩，舱体固定螺栓会受到交替应力影响，有可能造成结构的损坏；随着布设深度的增加，密封外壳在环境压力下收缩，内部液体受密封外壳的影响压力也会显著增加，而变压器内部存在大量的电解电容等无法承受高压(压强)的元器件，环境压力的增加会导致变压器损坏，无法正常工作。

为解决上述问题，可以在变压器端部的安全位置布置密封的可变体积充气补偿器，通过温度变化及环境压力的变化范围计算合适的补偿能力，当外界环境变化时，补偿器会通过改变自身的排水体积的方式补偿内部液体的体积变化。通过合适的补偿器能力选择，上述过程只会引起较小的内部压力变化，使变压单元内部的压力变化始终处于可预见的安全区域，既满足绝缘散热要求，也满足元器件的使用环境要求。

3. 水下控制单元

水下控制单元占用一个单独舱段，管理各次级接驳盒的电源及通信，收集次级接驳盒采集的各仪器数据，监视次级接驳盒的工作状态，并上传至岸基站。

水下控制单元内部的主要设备为低功耗的光电转换设备、网络控制设备、数据传输设备、电源管理设备等。水下变压单元已经将高压电转变为适合次级接驳盒所需的电压，由水下控制单元进行分配及智能监控，因此，水下控制单元对散热的要求较低，依靠环境自然散热冷却已经完全满足使用需求。

4. 结构框架

各功能单元安装于结构框架上，结构框架在承载各部件的同时，还需针对海底观测网的特殊需求具备可靠的防护能力、便于布放回收等功能。

2.2.3 防护保护

主接驳盒布设于海底，对于整个海底观测网，主接驳盒相当于固定的永久设施。主接驳盒与主海缆连接，稳定的位置会减少对主海缆的额外拉力，对整体网络的安全运行具有良好作用；稳定的位置对于主接驳盒的维护同样具有积极意义，保证稳定的水下位置可以节省大量的水下作业目标寻找时间，也节省了资金。

主接驳盒布设于浅水区域时，由于浅水区域微生物丰富，吸引大量鱼类，也会吸引渔民进行渔业捕捞，渔网的拖曳作业对暴露于海床表面的接驳盒具有很大的威胁，接驳盒一旦受损会造成巨大的经济损失，丢失大量的科研数据。

接驳盒结构框架通常采用光滑表面的低矮棱台外形，可以显著降低水流及渔网拖曳的影响。

几种接驳盒如图 2.4～图 2.6 所示。

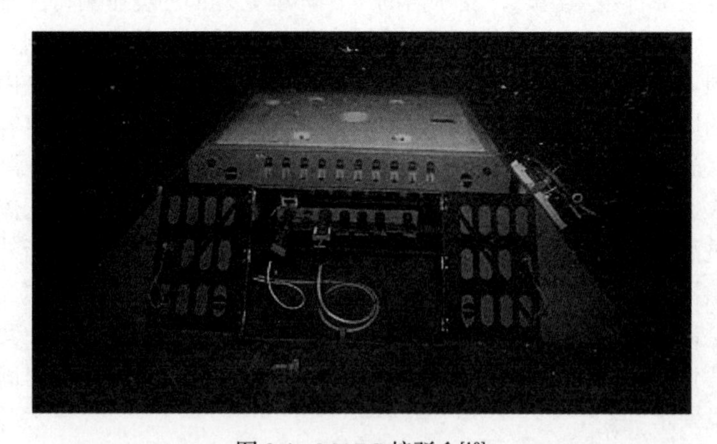

图 2.4　MARS 接驳盒[10]

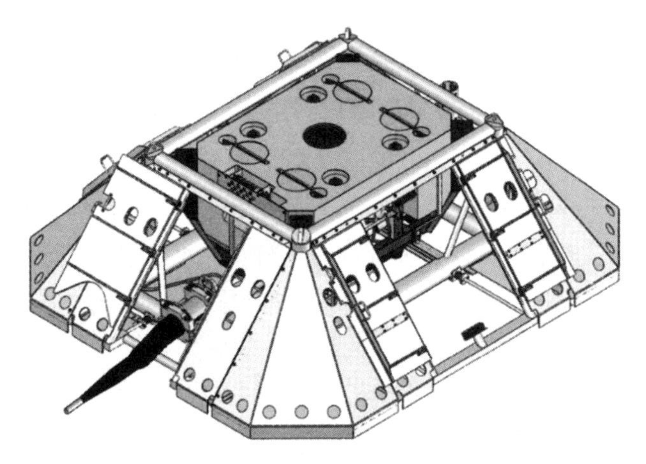

图 2.5 NEPTUNE 接驳盒[11]

图 2.6 VENUS 接驳盒[12]

2.3 接驳盒供电系统

2.3.1 电能分配设计

电能分配主要包括主接驳盒供给次级接驳盒的 375V 直流电和次级接驳盒供给各个观测设备的 24V 直流电。电能分配是按照岸基站的指令，通过对开关模块的操作，完成各电源线路的开启和关闭。

布放完海底观测网络后，其相应的线路或者端口也就确定了，然而所挂载的观测设备的位置可以随着水下机器人的操作发生改变。无论海底各种科学观测设备的位置如何变化，与它相连的供电接口是可控的，我们就可以通过岸基站的远程监控界面进行开关操作，将电能分配到指定的端口。主接驳盒与次级接驳盒之间以及次级接驳盒与各个观测设备之间有很大的空间距离，且处于深海中，环境恶劣，海缆以及供电接口都暴露在海水中，都可能出现意外。当监测到某节点异常故障情况时可以根据故障种类进行自动隔离或者通过岸基站远程监控界面进行强制故障隔离，防止影响其他节点运行。电能分配管理是供电监控系统的基本功能之一，海底次级接驳盒采用了 5 个标准的供电接口，分别对应水质仪系统、声学多普勒海流剖面仪（acoustic Doppler current profiler，ADCP）系统、声学网关系统、摄像系统以及一个备用接口。

2.3.2 电能转换设计

在海底观测网中，外部科学观测设备和接驳盒内部的负载供电电源由电压转换系统实现。

主接驳盒高压电源舱的输出电压为 375VDC，375VDC 供给主次接驳盒的控制舱，控制舱内部的光交换机、继电器、可编程逻辑控制器(programmable logic controller，PLC)以及外部的海底观测设备(ADCP、水质仪、摄像机、云台、灯)需要模拟电源 24V，采用 DC/DC 开关电源模块方式进行电压变换，得到满足使用要求的 24V 模拟电源[13]。

选用 Vicor 的电源模块，型号为 V375A24E600B。V375A24E600B 输入电压范围为 250～425V，输出电压为 24V，功率为 600W，10%～110%可编程输出，转换效率高达 92%，以及 3000Vrms 的输入到输出的隔离电压，输出电压的纹波与噪声典型值 Vpp 为 80mV，静态功耗为 9.3W，自带输出过电压保护，阈值为 28.1V。V375A24E600B 实现 375V 转 24V 的电路如图 2.7 所示。

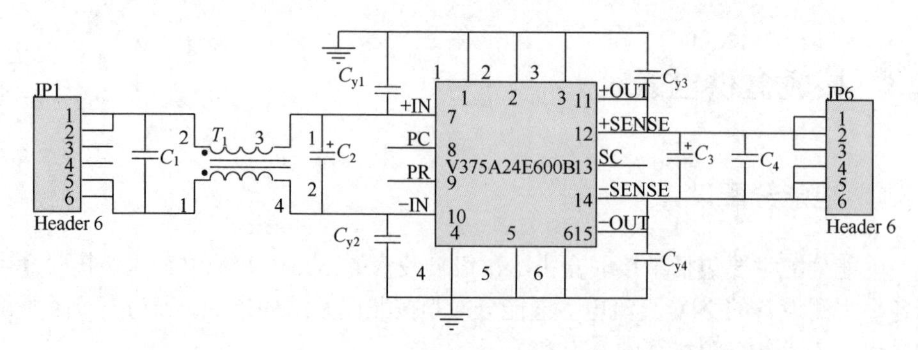

图 2.7　375V 转 24V 的电路

图 2.7 中，电容 C_1、C_2 和共模电感 T_1 实现输入滤波；电容 C_3、C_4 实现输出滤波；C_{y1}～C_{y4} 为 Y-电容，连接输入与基板以及输出与基板，用于滤除共模干扰。

系统中电量隔离测量模块 WB121 需要±15V 模拟电源，每个传感器正常工作时功耗 25mA 左右，供电电源的纹波要在 20mV 以内。采用 DC/DC 开关电源模块方式进行电压变换，得到纹波基本满足使用要求的±15V 模拟电源，如图 2.8 所示。

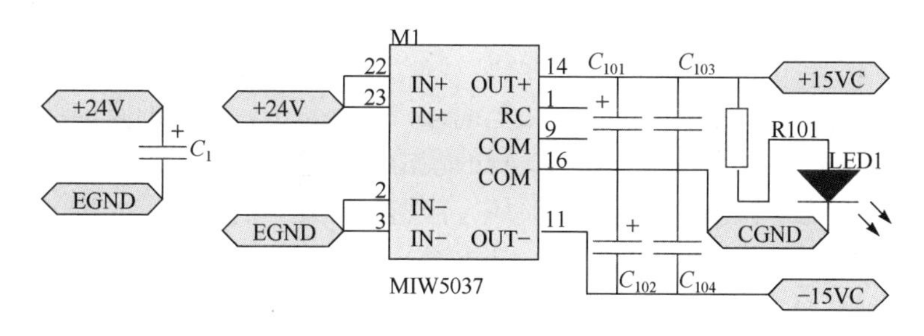

图 2.8　24V 转±15V 的电路

DC/DC 电源模块的型号为 MIW5037。MIW5037 为输入输出隔离的宽电压输入范围正负电源双路输出的 DC/DC 开关电源模块，其输入电压范围为 18～36V，输出电压为±15V，功率为 10W，输出正负电压的纹波与噪声典型值 Vpp 为 50mV，典型效率为 87%。

图 2.8 中 DC/DC 电源模块 MIW5037 输入端接电容 C_1，实现输入滤波，C_{101}、C_{102}、C_{103}、C_{104} 为 MIW5037 输出外接电容，降低输出电压的纹波噪声，改善瞬态响应和稳定性。在调试时，发光二极管(light emitting diode，LED)指示电源模块工作状态[14]。

系统中的运算放大器需要±12V 的供电电源，采用 DC/DC 电源模块 DCW12B-15 实现，转换电路和 24V 转±15V 相同。

2.3.3　电能监测

海底接驳盒内部负载和外部负载的电压、电流是否正常是整个海底观测网运行是否正常的关键所在。主接驳盒的负载为各个次级接驳盒，次级接驳盒的负载为各个海底观测设备。为了保证海底观测网的可靠运行，要对电能系统各个环节进行监测，包括主接驳盒高压电源舱的输入电压和电流、高压电源舱的输出电压电流(即次级接驳盒低压电源腔的输入电压电流)、低压电源舱的输出电压电流。通过对电源舱的输入电压电流以及输出电压电流的监测，可以了解海底接驳盒中电源转换装置的运行情况以及中间电压、电流的稳定情况。海底次级接驳盒低压电源舱的输出有多路，是整个电能系统的输出，连接着最终负载，包括内部负载和外部各种观测设备，其中对外各路输出线路之间相互独立并且完全等效，可以互换使用。各路输出线路直接受到接驳盒接口插拔操作、所连接的负载运行情况等的影响，比较容易出现各种电气故障；一些过大的负载变化，比如过压、过流、短路等情况，都可能导致开关模块功能失效，甚至损坏前级电能转换装置。这些异常故障和负载变化，都表现在输出电压电流上；同时，电压电流量也反映了实际输出功率，是整体运行的重要环节。因此，对海底观测网电源系统的各路电压电流进行监测是供电监控系统的主要内容。

海底电缆是用绝缘材料包裹的导线，敷设在海底，用于电力和电信传输。海底电缆是海底观测网的生命线。海底电缆运行环境恶劣，海水的腐蚀性、渔具作业时损伤、海上平台的振动、海中生物的攻击以及电缆自身的老化，使得海底电缆的绝缘层比陆地上电缆的更容易损坏，伴随时常发生的过电流、过电压、局部放电现象很容易造成电缆的绝缘损坏等故障[15]。一旦出现故障，其检修往往将耗费大量的时间、人力和财力，甚至超过新敷设一根电缆的投入。如果保护层进水，水很快会沿着护套、绝缘和线芯流动，扩大故障范围，甚至造成整条电缆报废，影响整个海底观测网的运行。所以，应开展对海底电缆的绝缘情况实时在线监测，预测海底电缆绝缘故障的发生，确保海底电缆的健康安全。

2.4 接驳盒展望

随着海底需求的不断拓展，对于接驳盒的要求也越来越高，接驳盒的载荷能力需求越来越高。目前，主接驳盒的额定功率一般为 2kW，一般扩展 4 个次级接驳盒，无论从额定功率还是扩展次级接驳盒数量来看，都还有很大扩展空间，主要取决于应用的需求。次级接驳盒主要功能是为搭载的海洋观测仪器提供能源和通信接口，未来将朝着更好的适应性、更强的平台支撑能力、更好的扩展性等方面发展。

参考文献

[1] 杨灿军, 张锋, 陈燕虎, 等. 海底观测网接驳盒技术[J]. 机械工程学报, 2015, 51(10): 172-179.

[2] 卢汉良. 海底观测网络水下接驳盒原型系统技术研究[D]. 杭州: 浙江大学, 2011: 23-27.

[3] 卢汉良, 李德骏, 杨灿军, 等. 深海海底观测网络水下接驳盒原型系统设计与实现[J]. 浙江大学学报(工学版), 2010(1): 8-13.

[4] 贺春玉,邵蕾,孙雪雁.浓海水成分分析方法综述与探讨[C]//2012 北京国际海水淡化高层论坛论文集. 北京: 中国膜工业协会, 2012:243-248.

[5] 何震, 李智刚, 何立岩, 等. 一种海底观测网主接驳盒结构: CN104512534A[P].2015-04-15.

[6] 王健, 刘会成, 刘新. 防腐蚀涂料与涂装工[M]. 北京: 化学工业出版社, 2006.

[7] 李金桂. 防腐蚀表面工程技术[M]. 北京: 化学工业出版社, 2003.

[8] 卡佩勒, 金玉琴. 水下防腐: 海水中结构件的腐蚀保护[J]. 材料开发与应用, 1982(8):39-43.

[9] Kawaguchi K, Kaneda Y, Araki E. The DONET: A real-time seafloor research infrastructure for the precise earthquake and tsunami monitoring[C]//OCEANS 2008-MTS/IEEE Kobe Techno-Ocean. IEEE, 2008: 1-4.

[10] Taylor S M. Transformative ocean science through the VENUS and NEPTUNE Canada ocean observing systems[J]. Nuclear Instruments & Methods in Physics Research, 2009, 602(1):63-67.

[11] Schrader P S, Reimers C E, Girguis P , et al. Independent benthic microbial fuel cells powering sensors and acoustic communications with the MARS underwater observatory[J]. Journal of Atmospheric and Oceanic Technology, 2016, 33(3):607-617.

[12] Kasahara J, Shirasaki Y, Momma H. Multidisciplinary geophysical measurements on the ocean floor using decommissioned submarine cables: VENUS project[J]. IEEE Journal of Oceanic Engineering, 2000, 25(1): 111-120.

[13] 吕枫, 岳继光, 彭晓彤, 等. 用于海底观测网络水下接驳盒的电能监控系统[J]. 计算机测量与控制, 2011, 19(5):1076-1078.

[14] 于伟经, 李智刚, 孙凯, 等. 海底观测网电能管理控制系统研究[J]. 机械设计与制造, 2013(5):252-255.

[15] 李德骏, 杨竣程, 林冬冬, 等. 单片机与 CPLD 技术的海底接驳盒电能监控系统[J]. 浙江大学学报(工学版), 2012, 46(8): 1369-1374.

3

海底观测网通信系统

3.1　通信系统概述

按照功能划分，海底观测网通信系统分为三个子系统，分别是海洋信息采集系统、观测网络数据传输系统、数据缓冲和发布系统。海底观测网通信系统结构示意图如图 3.1 所示。

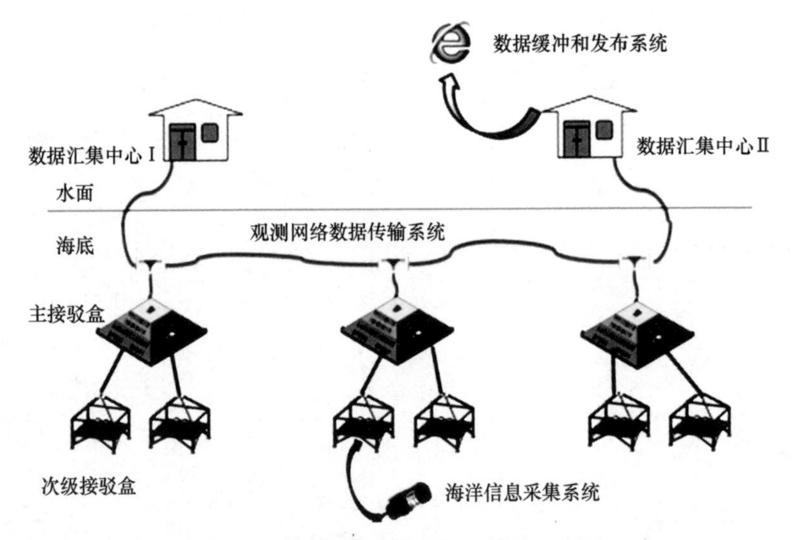

图 3.1　海底观测网通信系统结构示意图

其中，海洋信息采集系统包含各类海洋观测仪器，用来采集海洋的物理、化学、生物等信息数据；观测网络数据传输系统用于将海洋信息采集系统层的数据进行汇聚并将数据传输到岸基站的数据缓冲中心进行后续处理；数据缓冲和发布系统是海底观测网对外共享海洋数据信息的接口，有了这一接口，海洋科学家甚至普通大众都可以直接接触和使用庞大复杂的海底观测网。

海洋信息采集系统是海底观测网和海洋的连接接口，相当于海底观测网的感知系统。有了该系统，海洋的各种复杂变化就会以离散数据的形式被海底观测网感知和采集，继而通过网络传输和处理，通过互联网发布到世界各地。海洋信息采集系统包含的各类海洋观测仪器并不是为海底观测网专门研制的，因此，接口形式和数据形式的标准、规范、统一显得很重要。海底观测网一般采用以太网作为数据传输的统一形式，因此，各类海洋观测仪器的数据最终要被转换成网络数据进行统一管理和传输。观测网络数据传输系统相当于海底观测网的信息高速公路，负责将经过转换的数据以一定时序和速率进行传输。该信息高速公路在“建设”时需要考虑很多问题，比如为信息增加时间戳、如何协调不同带宽数据的协调传输、如何保证数据完整无误的传输等。观测网络数据传输系统在海底观测网中起到承上启下的作用，因为海底观测网的数据交换是双向的。操控者通过操作界面进行人机交互操作，可以遥控海洋信息采集系统的海洋观测仪器动作，如设备的开关或者水下摄像机的焦距调节、角度调节等。数据缓冲和发布系统直接将海底观测网和因特网(Internet)连接在一起，使海底观测网不再遥不可及，海洋科学家、海洋科学爱好者甚至普通大众均可以通过因特网接入海底观测网，直接使用网络采集的海洋数据。数据缓冲和发布系统还负责将数据分类和存储。分类可以按照多种标准，如数据敏感性、数据表示的参数等；数据存储自然是将采集的数据进行保存，以便后续使用。

3.2 通信系统构架

3.2.1 通信系统功能要求

通信系统是海底观测网基本功能单元，实现通信功能不是海底观测网建设的最终目标，但是通信功能是实现海底观测网科学价值的基础。海底观测网通信系统的功能要求如下。

1. 能够和各类不同的海洋信息传感器双向通信

海洋信息传感器接入海底观测网，观测网不但能够采集传感器的数据，还能够向传感器发送数据，控制传感器的行为，更改传感器的参数配置。传感器布置好后，一般工作于几百米甚至几千米的水下，如果不能实现远程控制传感器工作状态，对于需要频繁操作的传感器进行管理成本是无法想象的。

2. 能够将传感器采集到的海洋信息数据从海底传输到水面岸基站

海底观测网对于海洋观测的意义之一在于观测的实时性。实时性对于某些海洋科学现象来说十分重要，一些数据在有限时间内很有价值，超过一定时间就变得意义不大。传统的海洋观测，如锚系、潜标等方式，数据不具有实时性，监测到的数据暂时存储在传感器内部，待人将传感器打捞出水后，再取出数据使用。海底观测网通过一根光电复合缆直接连接海底的传感器，能够将数据实时地输送到水面岸基站，如同海洋科学家深入海底即时采样一般，数据十分“鲜活”，对于观测和揭示某些海洋科学规律具有十分重要的意义。

3. 能够在陆地岸基站向下发送控制指令

水下设备和传感器的可检测、可控制十分重要，传感器布置于海底，必须通过遥控的方式进行管理。因此，远程控制成为基本的功能要求。要实现远程控制，传感器本身应具有控制微处理器，具备通信能力。

4. 能够通过因特网对海洋信息数据进行授权访问

海底观测网的最终目的是将海洋以数据和图像的形式呈现在世界面前，而网络就是实现这一目标的途径。通过网路，发生在浩瀚海洋的千变万化变成了可观、可测的数据。任何人，只要经过网络授权，都可以通过网络在世界任何角落下载、使用海底观测网采集的数据、拍摄的照片和图像，大洋彼岸几千米海底深的景象，可以几乎同步地呈现在面前，这正是海底观测网社会价值的体现。

5. 能够对采集的数据进行时间标定

时间标定对于海底观测网十分重要。许多海洋科学现象的观测和揭示，需要多传感器同时工作，提供多种不同的数据，这时，不同数据如果没有精确的时间标志的话，就不能通过数据间相互关联的信息找出隐藏的重大科学规律。

以上是对海底观测网通信系统宏观概念上的功能要求，也是基本的功能要求。海底观测网要实现负责的数据处理业务，要实现较高的海洋科学观测网目标，仅仅通过上述宏观的功能要求无法刻画出对于海底观测网通信系统的技术层面的要求。技术要求永远没有止境，就目前全世界已建成的几个大型的海底观测网通信系统来看，已达到如下技术指标：

(1)最高通信带宽 40Gbit/s；

(2)终端传感器入网带宽 10Mbit/100Mbit；

(3)串口通信数据自动转换成以太网功能；

(4)入网数据全网统一授时功能；

(5)毫秒级别(甚至更低)的网络延迟控制能力；

(6)因特网透明接入功能；

(7)网络安全访问管理功能。

上述宏观层面的要求结合具体技术层面的指标，基本上可以描述海底观测网通信系统能实现的功能和应满足的技术参数。

3.2.2 通信系统总体结构

对应于前文介绍的海底观测网通信系统的三个子系统，海底观测网通信系统在结构上分别对应三个层次。第一层次为岸基站通信子系统。岸基站通信子系统包括监控计算机、监视器、视频解码器、光以太网交换机。第二层次为接驳盒通信子系统。接驳盒通信子系统安装运行于接驳盒电子舱内。接驳盒是海底观测网的主节点，可以从接驳盒内再分支出不同的次节点。接驳盒通信子系统主要包括光以太网交换机、以太网逻辑控制器、电压变换器、供电检测板等主要电子元件。接驳盒监控子系统能够监控每一个次级接驳盒的供电状态(电压、电流)，还作为观测节点数据传输到岸基站的中继。第三层次为传感器通信子系统。该层主要包括水下摄像机、水质仪等众多类型的海洋观测仪器。该层控制系统将逐行倒相（phase alteration line，PAL）制式视频和串行格式数据如 RS232、RS422、RS485 均转换为以太网传输格式数据。因此，海底观测网通信系统的数据传输统一为以太网格式，利于扩展和维护。一个小型化的海底观测网典型通信系统结构如图 3.2 所示。

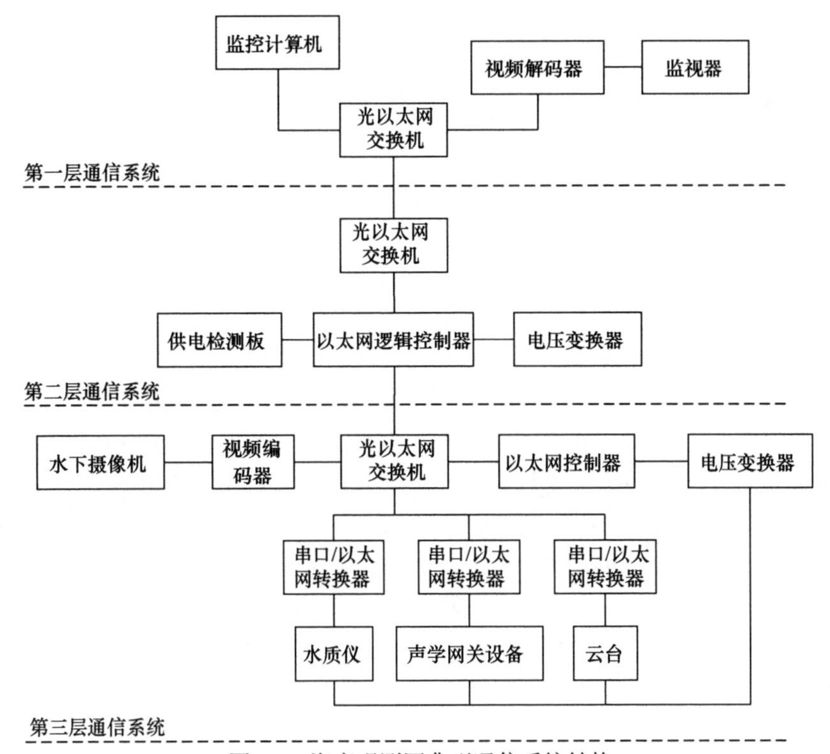

图 3.2 海底观测网典型通信系统结构

通过图 3.2 可以看出，在小型海底观测网中的通信三层系统中，光以太网交换机是核心设备。光以太网交换机具有网络管理功能，通过光接插扩展通信通道。

3.2.3 通信构架技术方案

海底观测网通信构架主要包括以下准同步数字系列(plesiochronous digital hierarchy，PDH)传送技术、同步数字系列(synchronous digital hierarchy，SDH)传送技术、光传送网络（optical transport network，OTN）技术等主要技术方案。

1. PDH 传送技术

PDH 传送技术中的准同步指的是每个时钟的精度在一定的误差容许范围内基本保持一致。PDH 是由国际电报电话咨询委员会（International Telegraph and Telephone Consultative Committee，CCITT）在 1972 年提出的，包括北美体制和欧洲体制，成为一段时间内传送网主要的传送技术手段[1]。随着需求的增加和技术的发展，PDH 逐渐表现出兼容性差、没有全球通用的数字信号速率标准和帧结构标准等问题，这时，SDH 传送技术逐渐兴起，并取代了 PDH 传送技术。

2. SDH 传送技术

利用 SDH 传送技术对数字信号进行拼接时，需要用一个稳定性较强的时钟对低次群信号进行控制，主要是确保低次群信号频率相同，使其达到“同步”[2]。SDH 是一套传输体制协议，它对接口码型特性、传输速率、复用方式、帧结构等进行了规定。SDH 传送网架构包括传输媒质层、通道层和电层等，其模型如图 3.3 所示。直接面向客户的是电层，电层节点设备的通道由通道层为其提供，传输媒质层的作用是提供通道宽带，该通道宽带用于通道层网点节点[3]。

SDH 可以运行于光网络，但它是一种网络技术，且以电层为主，业务在节点内要进行光电变化，在终端之间以光的形式进行转移，在电层提取所需信息后，需要再进行分插复用、交叉连接和 3R 等处理。这也就是说在 SDH 网络中，光域只作为传输媒质层，不具有组网的能力。整根光纤被粗糙地视为一路载体，信号捆绑在一起，需在电层统一进行处理，由此导致电层设备负荷过大，形成了“电层瓶颈”。网络的电层瓶颈限制了对光层巨大容量的发掘使用[4]。

SDH 的速率等级包括 STM-16、STM-4、STM-1 等。其中 STM-1 的速率为 155Mbit/s，它是信号传输最基本的结构；STM-4 的速率为 622Mbit/s；STM-16 的速率为 2.5Gbit/s，低级模块再通过同步复接以 4 的倍数构成上一级模块，SDH-256 对应的速率最高，可达到 40Gbit/s。

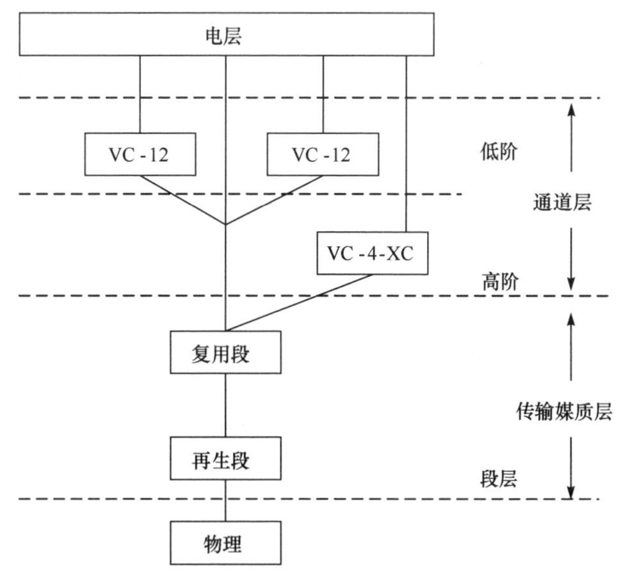

图 3.3 SDH 通信模式结构示意图

3. OTN 技术

目前已建成的主要海底观测网建设时间段正值 SDH 和波分复用(wavelength division multiplexing，WDM)鼎盛时期，且缺乏商用化的新技术，因此，诸如 NEPTUNE 海底观测网和 DONET 海底观测网均采用 SDH 和 WDM 相结合的主干传送技术。随着业务的不断变化和技术的发展，SDH 结合 WDM 这种传送技术方案逐渐显出不足之处：SDH 技术具有保护、管理、调度的功能，且偏向于业务的电层处理，轨道角动量(orbital angular momentum，OAM)具有完善的功能特点。然而，其交叉调度颗粒是以 VC-4 作为基础的，在线路上运用单通道线路，限制了其调度颗粒的大小和容量增长，导致业务的增长不能满足现实的需求。业务的光层处理是 WDM 传送技术的主要特色，它具有大容量传输的优点。但是，点对点的应用方式是 WDM 网络的主要方式，这种方式导致网络维护管理缺乏高效率的方法。尽管纯光调度系统具有 SDH 技术的保护和调度功能，但是该系统不但受到波长的限制，而且受到物理的限制，不利于广泛应用。并且其灵活性差、颗粒度单一，不能在不同的设备之间互通。

OTN 技术是在 SDH 的电层处理机制和 WDM 传送能力的基础上形成的，它使 WDM 网络无波长、子波长保护能力差、组网能力弱等问题得到解决。OTN 主要采用故障管理技术、光域内的性能监测技术、光交叉连接技术、密集波分复用(dense WDM，DWDM)传输技术等。利用 OTN 技术能够实现光纤级和波长级的高效重组，尤其是在端到端的波长业务由波长级进行提供时，并且还能够实现业务的维护、管理、保护/恢复、级联、复用、映射、封装、接入等，构成一个容量较大的传送网络。随着通信技术的发展，OTN 的技术与协议已经非常成熟，城域 OTN 在光传输领域得到广泛的应用，成为城域传输网建设的重要组成部分。WDM 和 SDH 技术是 OTN 技术产生与发展的基础，OTN 技术拥有多种优点，解决了 WDM 网络无波长、子波长保护能力差、组网能力弱的问题。OTN 技术具有电层和光层的体系结构，每层都具有有效的监控管理机制，总而言之，OTN 技术继承了 WDM 和 SDH 技术的优点并克服了它们的缺点[5]。

3.3 岸基站通信系统

按照前文思路，岸基站通信系统即数据缓冲和发布系统。岸基站通信系统是海底观测网上行与互联网和下行与水下接驳盒、传感器连接的桥梁。外界通过互联网访问存储于岸基站内的数据，通过岸基站数据管理系统访问海底接驳盒；传感器采集到的数据也直接存储于岸基站。岸基站承担的另一个重要任务是：系统运行状态监控端位于岸基站，在监控端上，整个观测网系统的运行参数被集中显示，不仅如此，许多故障应急机制和算法也在岸基站端运行。可以说，岸基站是海底观测网的神经中枢。

3.3.1 岸基站通信系统功能要求和关键技术

岸基站通信系统的重要职能是数据处理。数据处理研究的最终目标是建立面向互联网的海洋数据共享平台，实现观测数据的采集、存储、传输、分发、分析以及海洋科学应用。这需要从数据标准规范、数据处理关键技术、数据处理平台、面向服务体系的数据分析应用等多个方面统筹考虑，目标是实现海底观测设备的数据采集、存储、分析以及访问查询，同时实现岸基站数据处理系统同观测网络、观测设备的互联互通，建立基于互联网、数据中心的海底数据采集和分析应用。

岸基站通信系统的关键技术包括以下几方面。

1. 数据传输技术

涉及系统硬件的架构、仪器的数据格式、传输方式的选择、通信协议的制定、实时数据的监测等。实现仪器采集的实时数据从海底传输到接收客户端。

2. 数据质量控制技术

涉及观测数据的类型、数据的用途、数据元数据的制定和数据元数据的应用等。实现数据的内容说明、质量评估和分发。

3. 数据存储技术

涉及观测数据的数据结构、实时数据库的设计和数据的输入输出等。实现实时观测数据的存储和分发。

4. 数据集成技术

涉及不同观测仪器及设备所获取数据的转换和融合。该技术是把不同来源、格式、特点性质的数据在逻辑上或物理上有机地集中，从而为观测网的应用提供全面的数据共享，并在集成的基础上实现综合的数据分析。

3.3.2 岸基站通信系统结构和主要设备

如图 3.4 所示，一般意义上，海底观测网岸基站通信系统的体系结构包括如下组成部分：数据采集、数据存储、数据应用。数据采集包括实时数据接收和历史数据接收两部分。实时数据接收是指接收来自海底传感器采集的海洋信息数据和来自因特网的访问数据；历史数据接收指的是海底观测网接收来自移动观测节点，如 AUV、水下滑翔机等采集的海洋信息数据。这一部分数据经移动观测节点

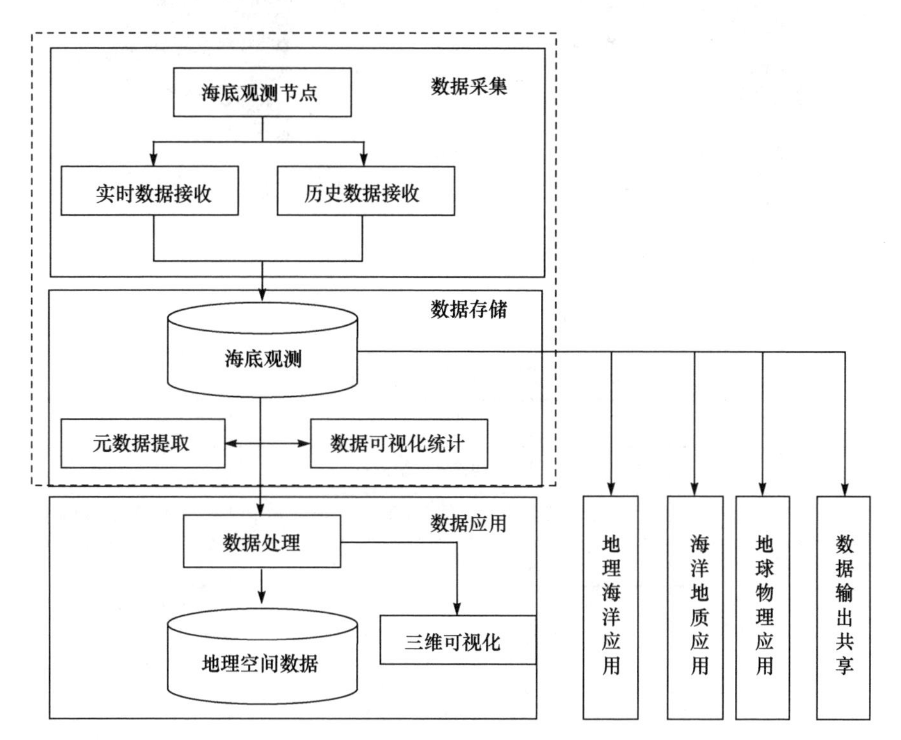

图 3.4　岸基站通信系统体系结构

采集后，临时存储于移动观测节点内，待进入无限数据传输容件距离后，将数据以无线数据传输或通过可插拔连接器进行连接等形式进行数据的传输。因此，这一部分数据不具有实时性。数据存储主要包括数据元数据提取和数据可视化统计两部分。数据元数据提取指的是从特定结构的数据包内提取真正反映海洋信息的那一部分数据，将传输功能数据剔除。数据可视化统计指的是进一步将数字化的海洋信息数据转变为可视化(图形、曲线、表格)的直观数据。数据应用指的是使数据被使用者合理地访问和获取。

小型海底观测网的岸基站通信系统一般包含以下设备：刀片式图形工作站、视频处理终端(有视频压缩、视频数据可视化与注释等功能)、瘦客户机、网络交换机、显示屏等(图 3.5)。

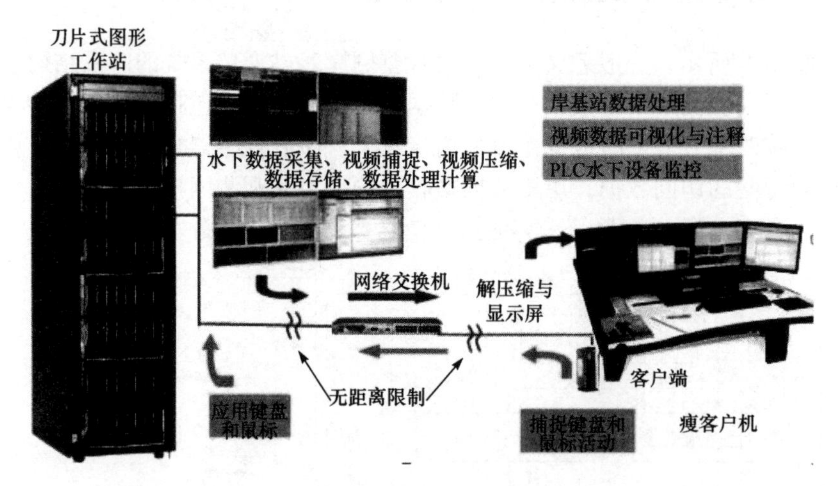

图 3.5　小型海底观测岸基站通信系统示意图

各主要设备的功能和作用如表 3.1 所示。

表 3.1　岸基站通信系统主要设备及功能

序号	硬件名称	功能	备注
1	网络交换机	服务器间连接网络设备	—
2	刀片式图形工作站	计算节点，负责水下数据采集及处理、图形显示	刀片机机柜和服务器
3	UPS	不间断供电	—
4	防火墙	用于对外网进行连接	吞吐量 1Gpps（pps 为包每秒），并发连接数 60 万；IPSec VPN 隧道数 1000
5	视频解码器	将视频数字信号转换为模拟信号	—

注：IPSec(interntet protocol security)为互联网网络层安全协议；VPN(virtual private network)为虚拟专用网；UPS(uninterruptible power supply)为不间断电源

岸基站可视化信息系统的体系结构从数据的获取、组织、管理、共享直至用于模拟、可视化等实际应用中，形成一个完整的信息处理链路。其中，数据接收模块涉及实时数据和历史数据的接收与监控以及数据元数据的提取与管理；数据存储模块涉及系统数据库的构建、数据的质量与安全；数据应用模块涉及数据的初步应用。

3.3.3 数据处理平台软硬件基础设施及分层部署架构的实现

岸基站数据处理根据数据量的不同、数据用途的不同可采用不同的技术。许多技术的核心思想就是将数据进行分类分层处理。三亚海底观测示范系统使用了分层岸基站数据处理平台处理观测网数据。分层岸基站数据处理平台采用了一个多层的分布式的应用程序模型(B/S),并且实现了基于 J2EE 应用程序的三层结构，分别为位于客户端的用户界面层、位于 J2EE 服务器的业务逻辑层和位于后端数据库服务器的数据存储层，如图 3.6 所示。

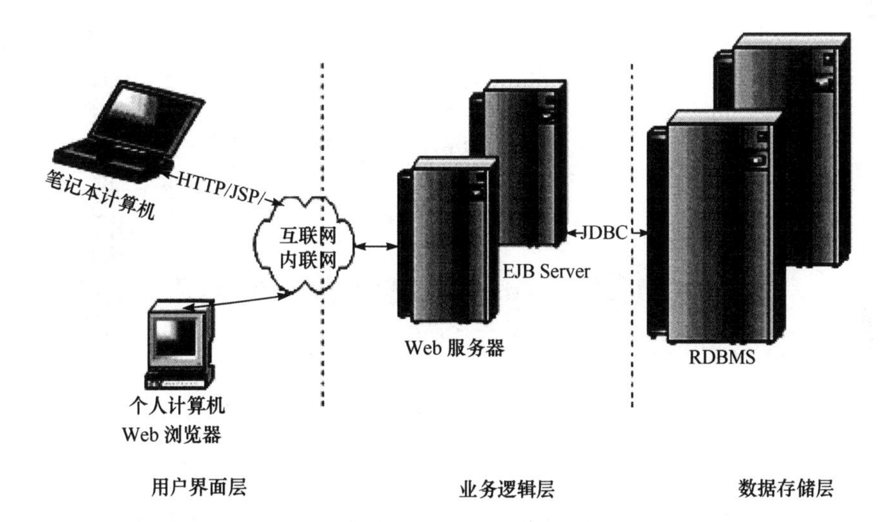

图 3.6 岸基站数据处理平台分层体系架构

Web：万维网。RDBMS：关系数据库管理系统。HTTP：超文本传输协议。JSP：Java 服务器页面。JDBC：Java 数据库连接。EJB Server：企业级应用 Java 组件服务器

软件三层结构是用来表述岸基站数据处理系统的逻辑模型，它把应用特性分为三项服务：表示层服务、应用层服务和数据层服务。从技术角度来看，客户端应用就是表示层服务，服务端组件就是应用层服务，而服务端组件所依赖的永久数据可以由数据库提供，这就是数据层服务。应用程序的逻辑根据其实现的不同功能被封装到组件中，组成 J2EE 应用程序的各类应用程序组件，根据其所属的多层 J2EE 体系结构位置安装到不同的机器中。

(1)运行在客户端机器的客户层组件。

(2)运行在 J2EE 服务器中的 Web 层组件。
(3)运行在 J2EE 服务器中的商业层组件。
(4)运行在数据库服务器中的信息系统组件。

3.3.4 岸基站数据处理平台分层次功能实现

岸基站数据处理平台从数据操作、数据存取、权限检查、页面生成等方面实现了四个层次上的功能要求，如图 3.7 所示。

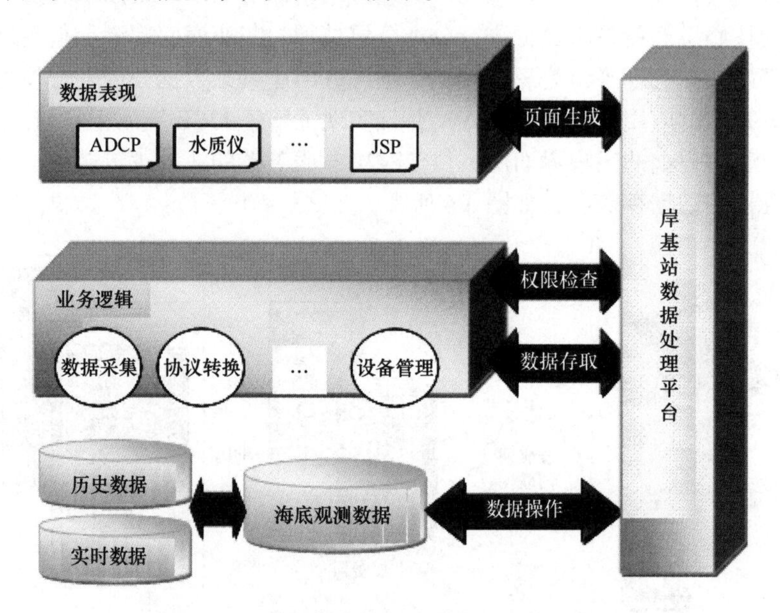

图 3.7 岸基站数据处理平台分层次功能实现

1. 观测数据存取层

该层负责提供有关观测网数据库访问的通用接口，包括水下观测数据获取和解析、仪器设备数据类型转换、数据库操作语言合成和数据库操作异常处理等，并封装不同数据库之间的差异。所有的数据库操作均可通过该层的接口调用完成。

2. 平台系统管理层

该层负责系统初始化设置,数据字典和模块安装,描述观测网站点组织机构，实现用户管理和权限分配功能，进行系统登录安全验证，管理系统日志，并提供权限检查接口。

3. 业务对象逻辑层

该层给出抽象的业务对象类，提供通用的水下观测数据检验和增、删、改、查等操作方法，内含权限检查、附件管理功能。具体的业务对象都继承该类，并实现具体的业务逻辑。

4. 业务对象表示层

该层包含客户化管理工具，用户使用此项功能定义页面显示样式、检索方案和数据分析内容。具体页面显示调用该层相应接口，按自定义样式动态生成显示页面。

3.3.5 岸基站数据处理平台业务逻辑功能

岸基站数据处理平台是基于 J2EE 的网络化数据管理平台，利用 J2EE 的组件优点，将业务逻辑抽象出来，形成一个个“插件”，实现业务逻辑单位的可重用性，降低各个模块功能之间的耦合，提高开发的可控性；同时以 XML 文档形式输出业务数据，或者通过 EJB 的远过程调用，为系统集成提供解决方案。其业务逻辑载体包括：软件基础类库和基于数据库的运行平台。岸基站业务处理逻辑图如图 3.8 所示。

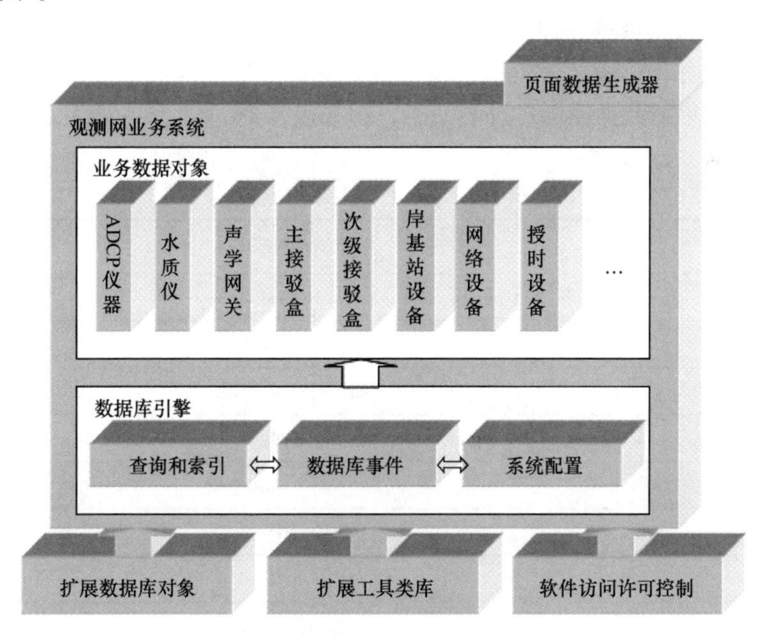

图 3.8 岸基站业务处理逻辑图

信息系统软件基础类库针对数据库应用系统的特点提供以下功能：

(1) 扩展数据库对象。对数据库中表、数据集、记录、关键字、字段的属性和值进行描述，记录映射到数据库的操作指令的自动生成等，它是数据访问对象的扩展集。

(2)扩展工具类库。应用系统扩展数据类型、系统环境的配置方法、通用出错处理、系统日志等功能调用。

(3)软件访问许可控制。软件产品的使用许可的授权和检查方法等。

基于数据库的运行平台包括：

(1)查询和索引。描述数据元数据的组织及索引方式以及查询接口。

(2)数据库事件。描述系统中的事件以及执行的顺序关系。

(3)系统配置。系统活动建模，分配角色，业务数据内容和表现形式的客户化工具。

3.3.6 岸基站数据处理平台业务逻辑功能实现

海底观测网挂载的传感器多种多样，其中，ADCP 是常见的海洋数据探测仪器。这里就以 ADCP 为例，介绍传感器数据处理。

ADCP 采用二进制编码，经过单片机整合后，形成复合数据，统一采用二进制编码通过一个通道发送出来。单独使用每种仪器配备的数据处理软件已经不能够对这种复合数据进行处理，因此，需要针对这种复合数据的特点制定相应的通信协议并进行分析解译。

ADCP 采集的数据使用二进制编码，一共包含 10 个部分，如表 3.2 所示。

表 3.2　ADCP 数据结构形式

序号	数据结构形式
1	Header
2	Fixed Leader Data
3	Variable Leader Data
4	Velocity
5	Correlation Magnitude
6	Echo Intensity
7	Percent Good
8	Bottom Track Data
9	Reserved
10	Checksum

3.4 通信主干网

通信主干网包括水下信息传输主网和岸基站之间点对点通信系统，本节主要介绍水下信息传输主网。

3.4.1 水下信息传输主网

水下信息传输主网指的是通过光电复合缆连接起来的接驳盒与岸基站之间的数据通信传输线路，如图 3.9 所示。

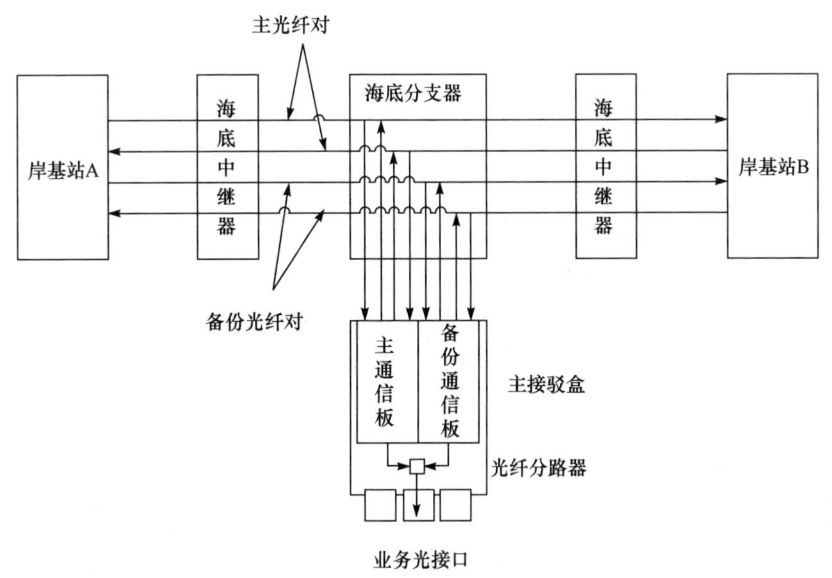

图 3.9 水下信息传输主网组成图

水下信息传输主网主干光缆最少采用 4 芯光纤设计。其中 2 芯用于水下业务数据传输和两个岸基站之间的高速互联通信，称主光纤对，另外 2 芯则作为备份使用，称备份光纤对。备份光纤对的网络配置与主光纤对完全一致，从而实现 1∶1 备份，主接驳盒电子舱的通信业务板卡同样为 1∶1 备份，分别对应主光纤对通信和备份光纤对通信。

3.4.2 小型海底观测示范网

3.4.1 节所述为大型海底观测网的水下信息传输主网的一种构架，而小型海底观测示范网的水下信息传输主网相对于大型海底观测网来说无论是构架的复杂程度还是设备的传输能力都要降低很多，如图 3.10 所示，可分为三层网络构架，分别是位于岸基站的数据汇聚管理层、位于主接驳盒的水下数据汇聚管理层、位于次级接驳盒的海洋观测仪器数据汇聚管理层。其中，岸基站数据汇聚管理层可以采用带宽 10Gbit/s 的 EDS728 光以太网交换机，水下数据汇聚管理层可以由带宽 1Gbit/s 的 EDS-G509 实现其功能，海洋观测仪器数据汇聚管理层可由 10Mbit/s 或 100Mbit/s 的 EDS-G308 实现其功能。

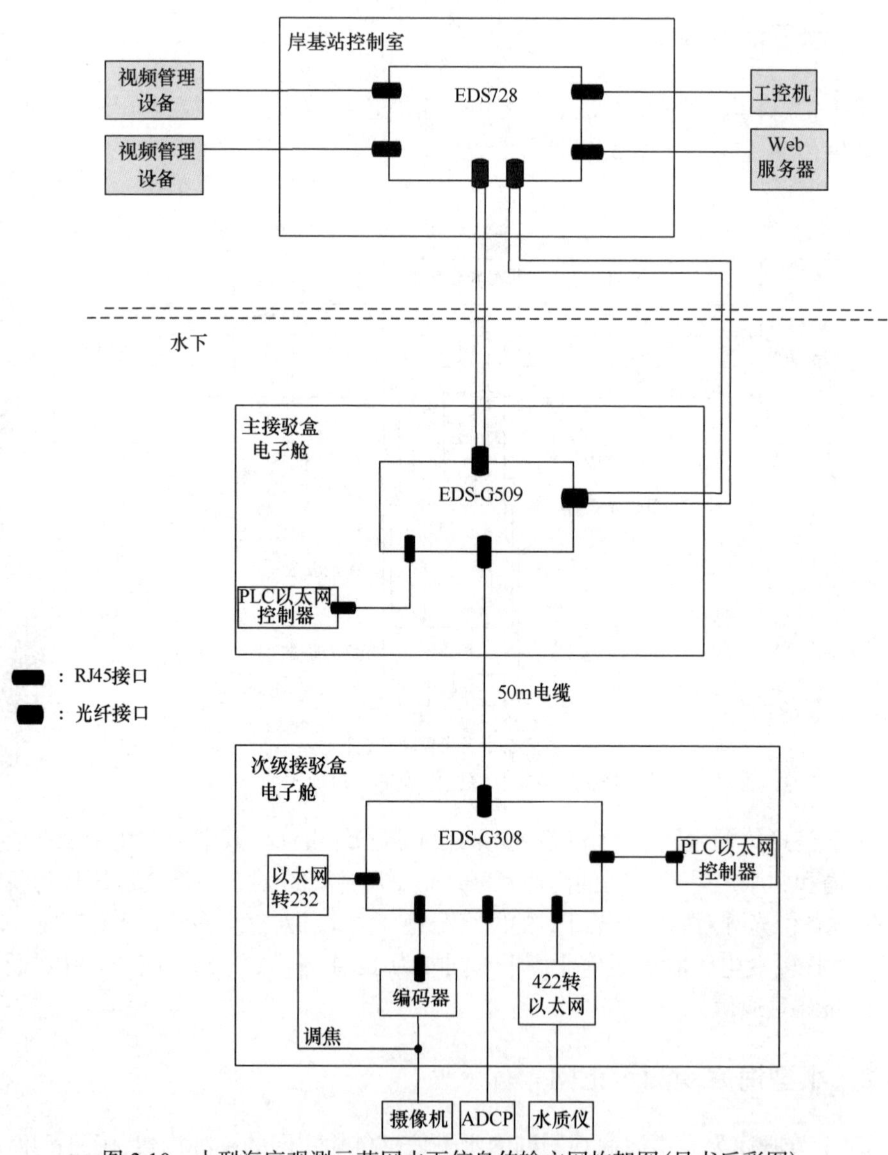

图 3.10　小型海底观测示范网水下信息传输主网构架图(见书后彩图)

3.5 海洋观测仪器电能供应

海洋观测仪器是海底观测网实际接触海洋信息的触手和终端。海底观测网本质上就是一个大型的优质传感器集成平台。那么，观测网怎样为传感器提供能源和通信支持，传感器如何工作，将在本节介绍。

3.5.1 供电电路原理

海底观测网能够实现长时间连续观测的原因之一就是能够为海洋观测仪器提供源源不断的电能。观测网将电能从陆地输送到海底，最后供应给传感器，需要经过几级电能变换。为了增大传输距离和降低传输损耗，海底观测网一般采取高压直流电能输送，并采用单极性供电，即光电复合缆里只有一根金属导体，直接将海水作为电能传输的另一回路。将海水作为回路可以降低传输损耗，降低传输线路故障概率。图 3.11 是海底观测网供电层次示意图。

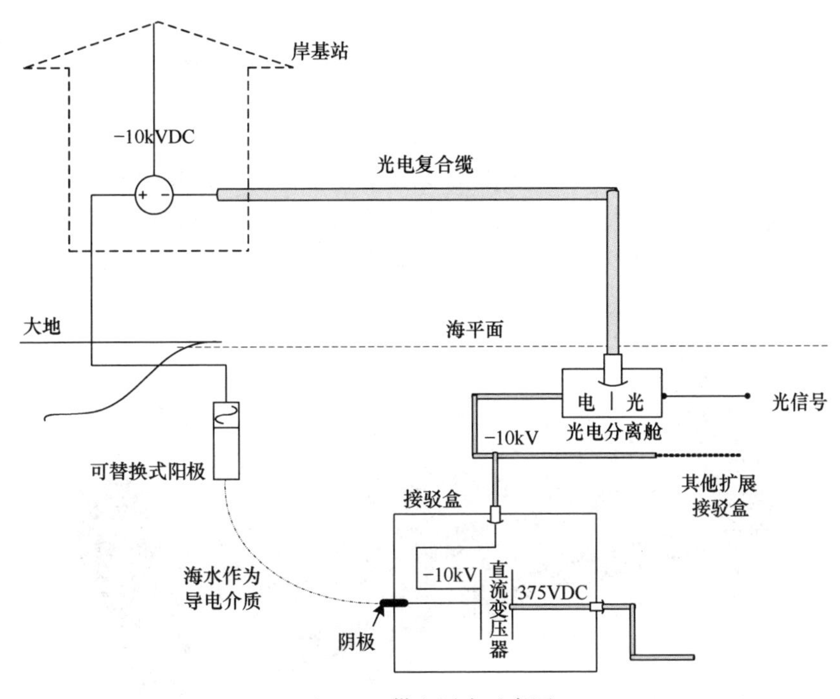

图 3.11 供电层次示意图

供给海洋观测仪器的低压电（48V、24V、12V）是由 375V 直流电经过变换得到的。高压变换系统的功能是将三项 380V 交流电转换为–10kV 的高压电。变成高压电是为了在电能传输过程中减小电流，从而减少线路损耗。然后在主接驳盒内将−10kV 高压电转换成 375V 直流电，以便于进一步降低成 12V、24V 和 48V 的低压用电设备常见的电压等级。从图 3.12 可以清晰地看出，海水在电路中的作用和供电的关键部件，如阳极、阴极的使用位置等信息。其中，阴极板可以使用钛合金作为材料，钛合金具有较好的抗腐蚀能力和较好的导电性。

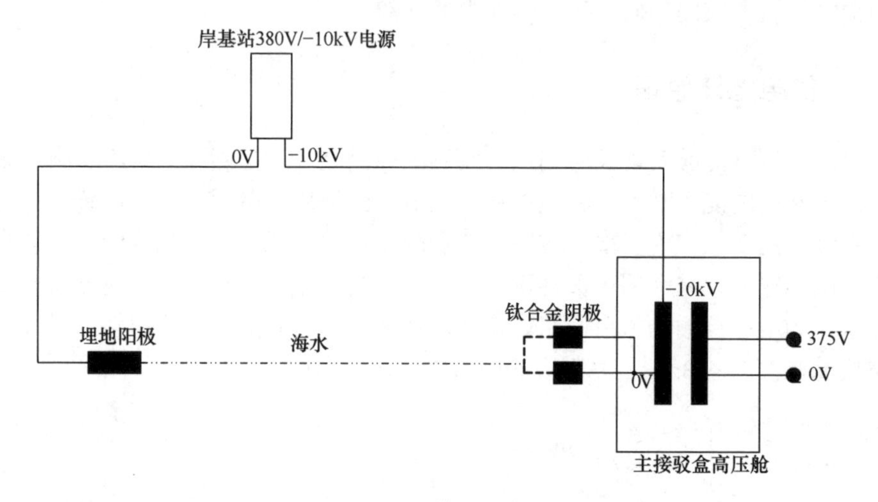

图 3.12　供电回路图

了解传感器使用的低压直流电能的来源和变换情况后，我们再来看看为传感器供电的电源。观测网大多采用威客模块作为直流供电电源。威客模块体积小、功率高、稳定性好，是较为理想的嵌入式直流低压供电模块，如图 3.13 所示。

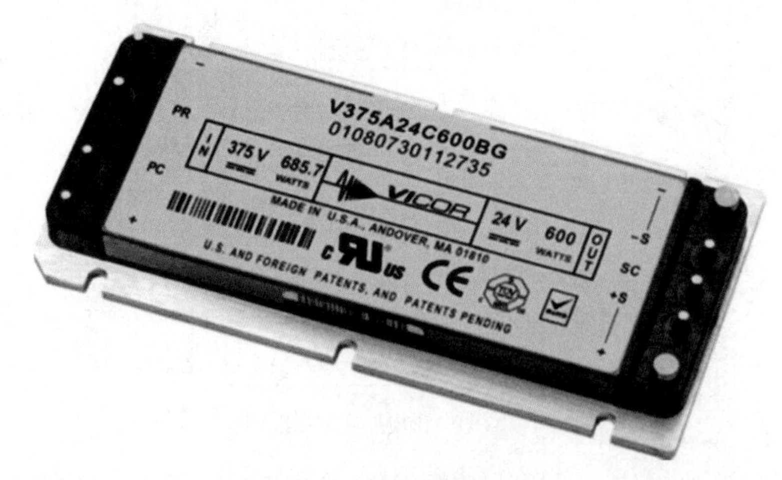

图 3.13　直流低压供电模块

3.5.2 传感器数据采集接口标准

海底观测网作为海洋观测通用平台,为各类海洋传感器提供电能和通信接口。考虑到设计的统一性和容错能力，对于电能和通信接口的承载能力和适用范围，必须做好相关规定和要求，以便传感器的接入。如果某种欲接入海底观测网的传感器接口不满足标准的要求,需自行更改,以适应海底观测网的统一规范和要求。为了更大范围地使用传感器，海底观测网的电能和通信接口充分考虑了现有传感器的功率、通信协议等因素，可以满足大多数传感器的要求。在电气接口方面，一般有如下规定：

(1) 48V 直流供电，最大功率小于 96W。

(2) 24V 直流供电，最大功率小于 48W。

(3) 12V 直流供电，最大功率小于 24W。

(4) 传感器启动瞬间冲击电流小于 2A。

(5) 容许供电电压波动±1%。

上述 2A 的电流指标,对绝大多数传感器来说已经足够。许多传感器如 ADCP，功率一般在几瓦左右，电流一般在 200mA 左右。对于通信接口，观测网一般容许接入的通信协议类型有：RS232、RS485、RS422、以太网。这几种通信协议也是较为常见和广泛应用的协议。如果某个海洋观测仪器是较为特殊的通信协议，可采取先行转换的方式，转换成上述几种协议中的一种，再接入海底观测网。最终，网络传输都将变为统一的协议。小型的海底观测网最常见的是统一转换为以太网协议，因此，需使用通信协议转换器，例如串口模块转换器，如图 3.14 所示。

图 3.14　串口模块转换器

3.5.3 海洋观测仪器应用实例

大型海底观测网，如加拿大的 NEPTUNE，挂载的传感器数量可达几十个甚至上百个，体现了海底观测网强大的负载能力。小型海底观测网挂载的传感器数量一般在几个或者十几个。以三亚海底观测示范系统为例，挂载了 ADCP、水质仪、数采平台等设备。下面逐一介绍这些传感器及其在观测网中的使用情况。

1. 声学多普勒海流剖面仪

如图 3.15 所示，ADCP 是 20 世纪 80 年代初发展起来的一种测流设备。

图 3.15 ADCP

ADCP 具有能直接测出断面的流速剖面、不扰动流场、测验历时短、测速范围大等特点，目前应用于海洋、河口的流场结构调查、流速和流量测验等。ADCP 利用多普勒效应原理进行流速测量。ADCP 用声波换能器作为传感器，换能器发射声脉冲波，声脉冲波通过水体中不均匀分布的泥沙颗粒、浮游生物等反射体反射、散射，由换能器接收信号，经测定多普勒频移而测算出流速。

ADCP 接入海底观测网要具备几个条件。第一个条件是要有水下可插拔的连接器。水下可插拔连接器的意义在于，加装新的传感器时无须将接驳盒整体打捞出水面，通过潜水员或者 ROV 即可在水下完成设备的接入和拆除，如图 3.16 所示。第二个条件是 ADCP 的通信端口参数配置要和系统的通信接口参数配置相符合，比如通信的波特率、通道号等。下面以 ADCP 为例说明通信参数配置问题。ADCP 本身具备网络通信和串口通信两种通信手段，每种通信手段均有特定的用途，比如串口通信用于 ADCP 内部参数的更改和下载，网络通信用于传输传感器采集的数据。因此，对于 ADCP，从观测网的角度观察，该设备有两个 IP 地址，除网络自带的 IP 地址之外，串口也被映射为网络 IP 地址进行操作和数据交换。连接 ADCP 网络前，需对上位 PC(个人计算机)进行网口工作模式、IP 地址设置和防火墙设置等操作。具体操作步骤如下。

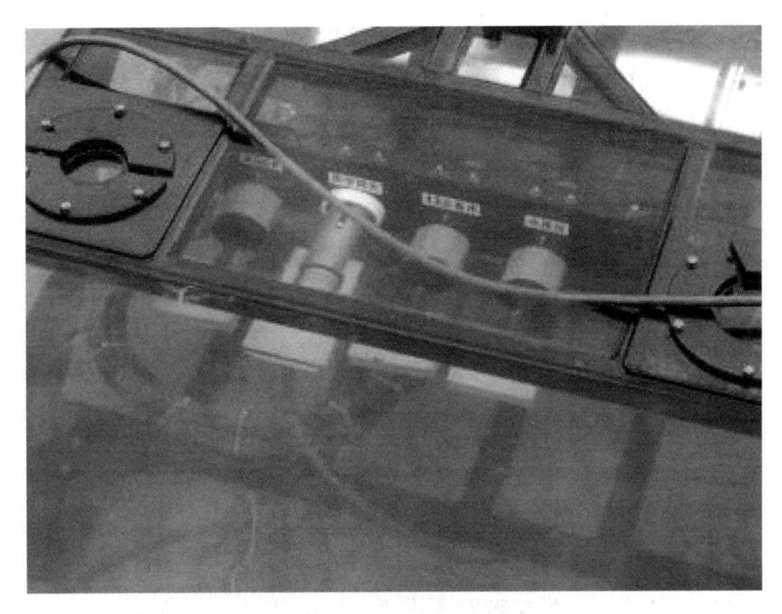

图 3.16 水下可插拔连接器

(1)设置网口工作模式。

选择“网上邻居”，鼠标左键双击进入，依次选择“本地连接”“属性”。进入本地连接属性界面，如图 3.17 所示。

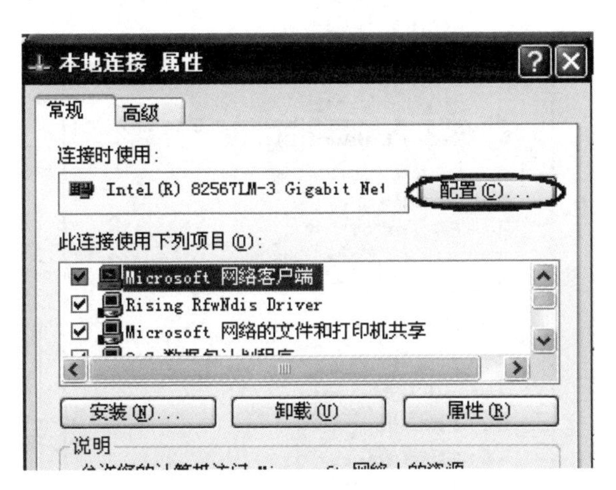

图 3.17 本地连接属性

选择“配置”图标。进入对话框，依次选择“高级”“链接速度和双工”下拉右侧菜单选择“10Mbps 全双工”，如图 3.18 所示。

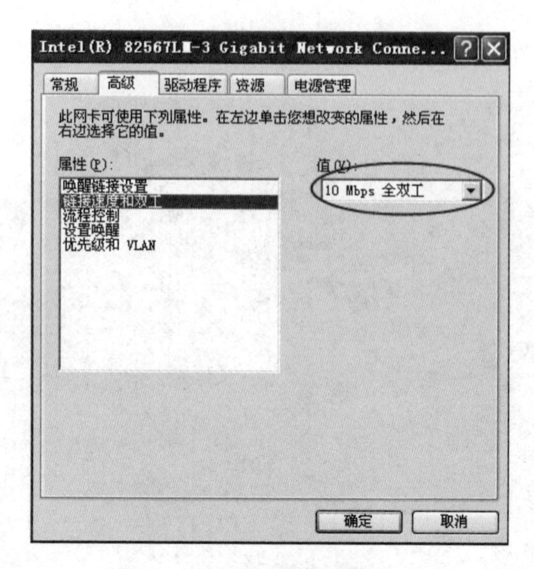

图 3.18　连接速度和工作方式

(2)设置 IP 地址。

选择“网上邻居”，鼠标左键双击进入，依次选择“本地连接”“属性”。进入本地连接属性界面，下拉菜单选择“Internet 协议”，选择“属性”，进入 IP 设置界面。选择手动设置 IP 地址。勾选“使用下面 IP 地址”选项，IP 地址设置为“192.168.2.166”，子网掩码设置为“255.255.255.0”，默认网关设置为“192.168.2.1”，IP 地址设置界面如图 3.19 所示。

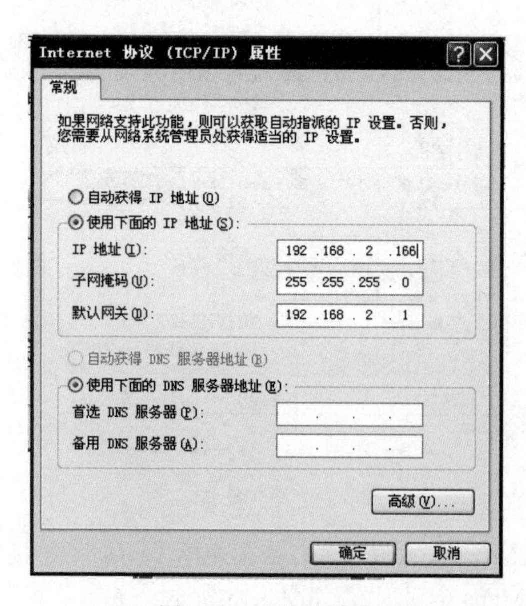

图 3.19　IP 地址设置

(3)关闭防火墙。

选择“网上邻居”，鼠标左键双击进入，依次选择“本地连接”“属性”“高级”“配置”。进入 Windows 防火墙界面，选择“关闭”，如图 3.20 所示。

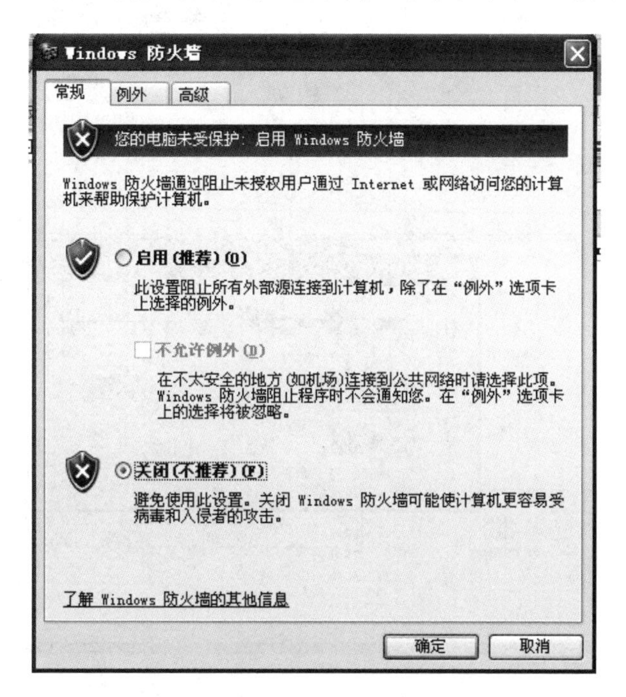

图 3.20　防火墙设置

(4)ADCP 网络连接。

将电缆连接至 ADCP,网线连接至显控计算机,然后打开 ADCP 主机的电源,等待 ADCP 设备自动连接网络,几秒钟后,显控计算机任务栏会提示网络已连接,如图 3.21 所示。

图 3.21　等待网络图标显示已连接

上电等待半分钟后，双击打开显控软件，选择点击“Con”选项，在弹出界面网络连接中输入 IP“192.168.1.215：80”,点击“连接”,确定连接网络,如图 3.22

所示。如果网络连接成功，则会在显控软件右侧的状态栏内显示“已连接”，如图 3.23 所示。如果不成功，请检查网口连接是否牢固，并重复前面的步骤。

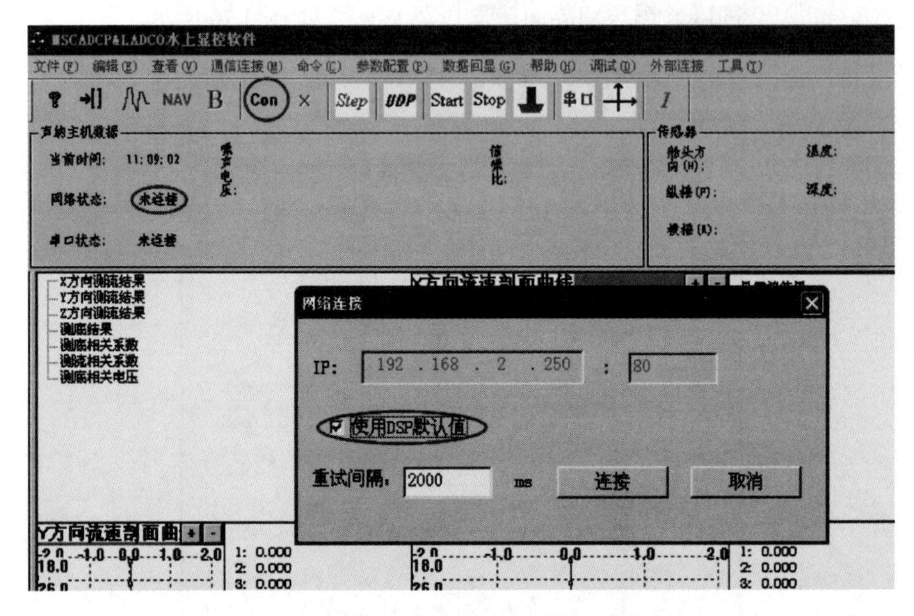

图 3.22　点击 Con 图标

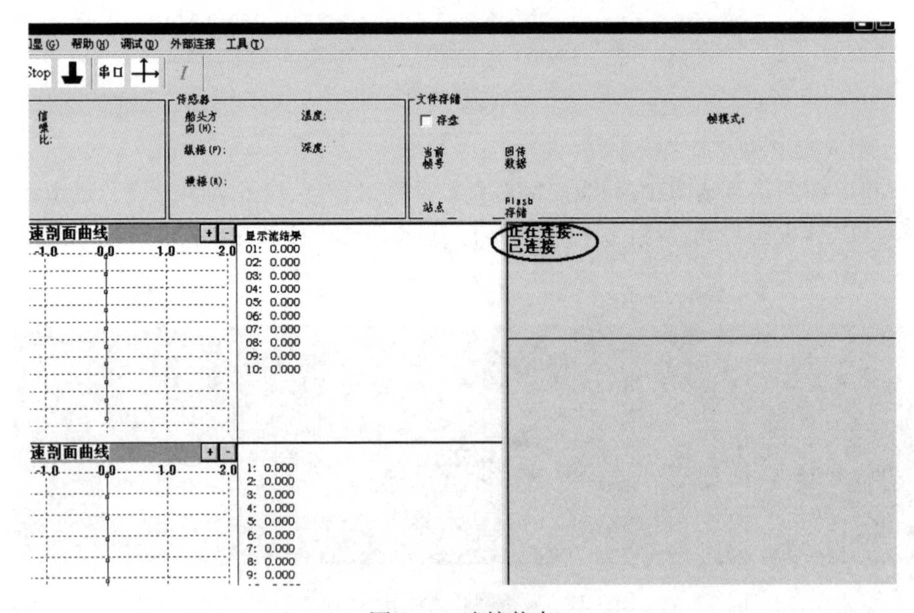

图 3.23　连接状态

待连接成功后，首先点击“Start”选项，待第一帧数据回传，主界面显示传感器值反馈信息等后，点击“Stop”选项，如图 3.24 所示。

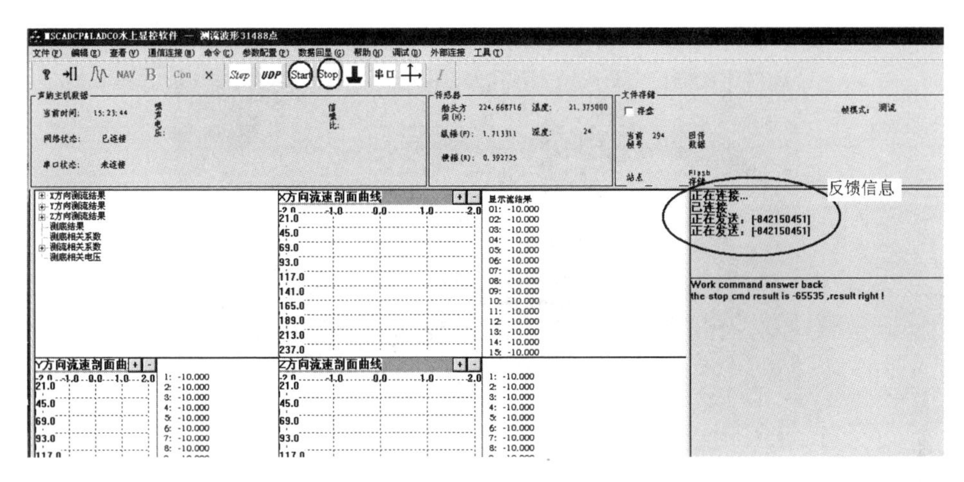

图 3.24　设置前准备

经过以上设置，ADCP 才算顺利接入海底观测网，能够正常进行配置和数据交换。

2. 水质仪

水质仪也是较为常见的海洋观测仪器。水质仪，顾名思义，是用来测量温度、盐度、深度、浊度、pH 值等参数的传感器。同 ADCP 相似，水质仪接入海底观测网也需经过网络等相关参数的匹配，这里不再赘述。表 3.3 是某水质仪接口参数。

表 3.3　水质仪接口参数表

ROV 公插头	Subconn 小 8 芯母插头	定义	说明
1	1	ExtPwr+	外接电源正(12VDC)
2	2	ExtPwr−	外接电源负
3	3	Data+	RS485A
4	4	Data−	RS485B
5	5	—	未用
6	6	—	未用
7	7	—	未用

从表 3.3 中可以看出，该款水质仪用两线制 RS485 进行通信，未使用网络接

口。因此，只需将 RS485 接口转换为网络接口，即可与水质仪进行通信。图 3.25～图 3.27 是水质仪工作的画面。

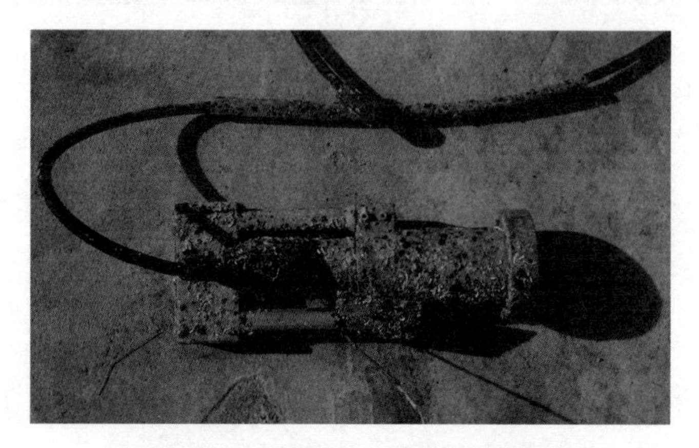

图 3.25　水质仪用水下可插拔连接器

图 3.26　某水质仪本体

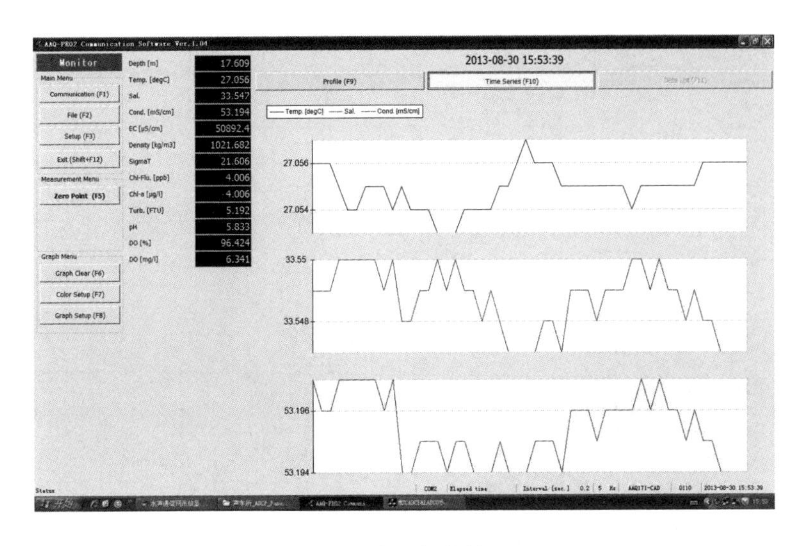

图 3.27　水质仪软件界面

3. 数采平台

海底观测网接口多，可挂载许多海洋观测仪器。但随着海洋观测需求的不断增长，传感器数量越来越多，而海底观测网接口数量是固定的，新增接口只能增加接驳盒数量，工程十分浩大，因此出现了观测网接驳盒接口数量无法满足不断增长的海洋观测网需求的矛盾。另外，接驳盒每个接口的通信带宽一般最大可达到 100Mbit，大多数传感器的通信带宽远远小于这个值，实际上造成了通信带宽使用的浪费。因此，可以考虑将传感器进行集成之后再接入海底观测网，既节约了接口数量，又充分利用了带宽，数采平台便具有这样的特征和优势。

数采平台的使用：

(1) 双击打开可执行文件。

(2) 打开软件后，在软件左上角的“串口设置”区域“端口号”中选择串行通信端口，这里选择“COM5”，如图 3.28 所示。

(3) 保持其余设置不变，点击软件上方工具栏中的“连接串口”选项后，软件将自动采集数据，如图 3.29 所示。

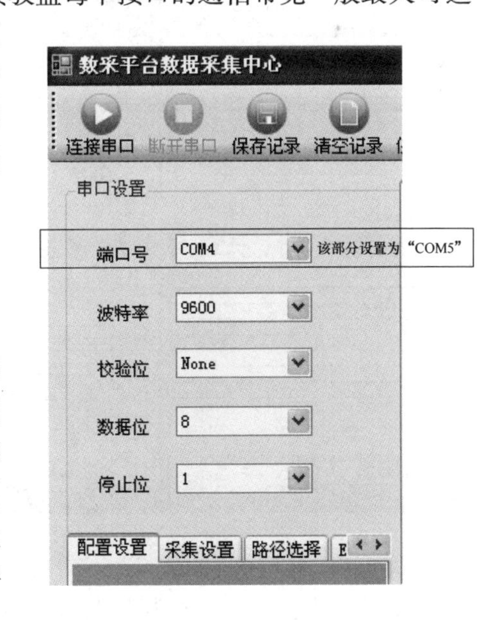

图 3.28　数采平台设置

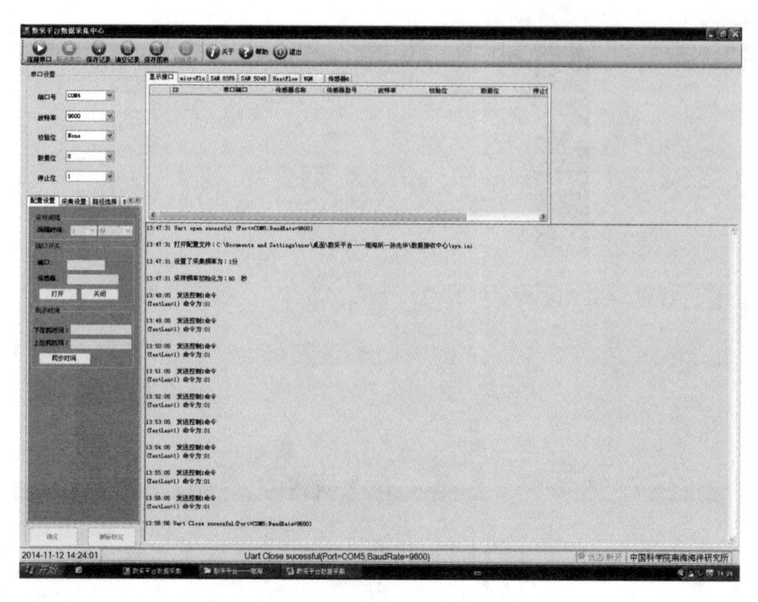

图 3.29　数采平台界面(见书后彩图)

(4)点击工具栏中“切换控制”选项可将页面切换至传感器数据的图表显示页面，如图 3.30 所示。

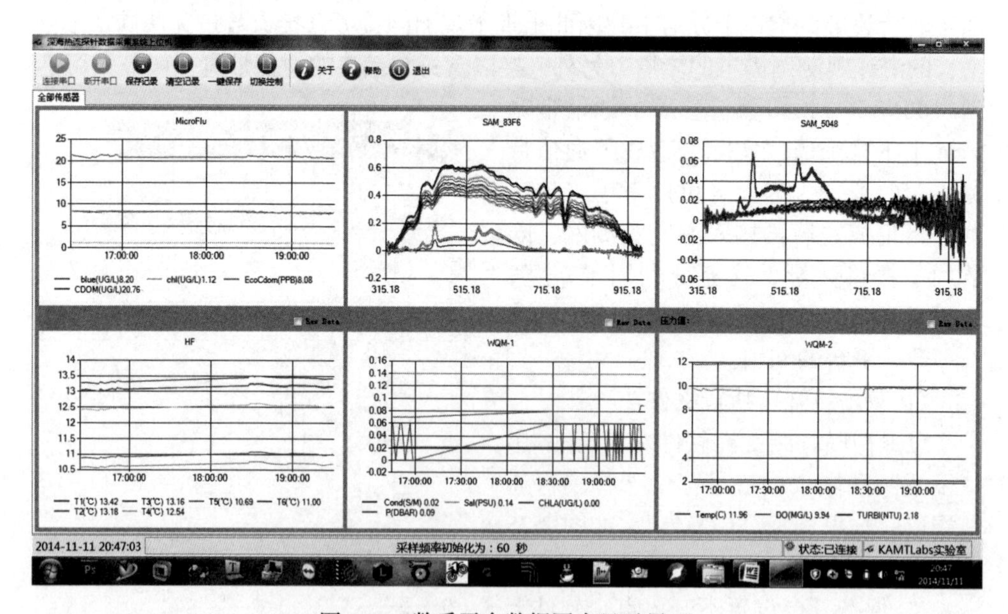

图 3.30　数采平台数据图表显示界面

(5)再次点击“切换控制”选项可切换回原控制界面。

3.6 通信系统展望

海底观测网通信系统正朝着如下方向发展：

(1)光网比例将进一步提高。

(2)通信带宽进一步加大。

(3)通信智能化管理水平进一步提高。

(4)通信稳定性进一步增强。

(5)数据分析和挖掘更加深入。

随着光通信技术的快速发展和长距离光纤通信设备的更新换代，海底观测网通信系统的构架将朝着通信主干网采用全光网络的方向发展，通信带宽更宽，路由选路和配置更灵活。另外，随着无中继传输距离的不断增大，光中继的应用将会越来越少，甚至不久的将来有可能演变为全网无中继传输，将会进一步降低海底观测网建设成本，提高通信系统可靠性。通信系统智能化水平的提升对于海底观测网科学管理和有效维护至关重要，因此，通过完善设备性能、深入研究智能算法等手段提高通信系统智能化水平，是海底观测网通信系统的发展方向。

参 考 文 献

[1] 何佩骏, 李星亮. 探析通信网络传输新技术的发展及应用[J]. 农家参谋, 2018, 574(4): 253.

[2] 王帅夫, 宋健, 李恺, 等. 基于准同步采样的电网频率测量装置设计[J]. 电子设计工程, 2019, 27(10): 19-23.

[3] 邱帆, 李博, 郑乐, 等. 基于分组传送网的 SDH 伪线仿真设计与实现[J]. 光通信技术, 2019, 43(10): 53-56.

[4] 王鼎先. 传输技术在信息通信工程中的应用[J]. 中国新通信, 2019, 21(16): 83.

[5] O'Mahony M J, Simeonidou D, Hunter D K, et al. The application of optical packet switching in future communication networks[J]. IEEE Communications Magazine, 2001, 39(3): 128-135.

4

海底观测网能源供给系统

4.1 能源供给系统概述

4.1.1 海底观测网输电方式

传统的电力系统输电方式按输送电流的性质分为交流系统、直流系统。其中，直流系统又可分为单极系统、多极系统，以及恒压系统、恒流系统[1-2]。本节根据海底观测网输送电能的特点，分析传统输电方式的优缺点，得出适合于海底观测网的输电方式。

1. 交流、直流输电性能分析

交流输电和直流输电是陆地供电系统中两种较为成熟的远距离输电方式。交流输电发展较早，技术相对成熟，其优点主要表现在发电和配电方面：交流电源和交流变电站与同功率的直流电源和直流换流站相比造价低廉；交流电可以通过变压器升压和降压，方便地实现电能的配送。随着技术的发展，直流输电相关技术发展成熟，在海底电缆输电的特殊情况下具有交流输电无法替代的优势[3-4]。

海底观测网通过海底光电复合缆实现了能源供给和信息传输的网络化。海底光电复合缆是一条既能传输电能，又能实现光纤通信的复合缆。常见的光电复合缆电气性能参数如下：每千米导体电阻 $R=0.387\Omega$，每千米导体电容 $C=0.213\mu F$，每千米导体电感 $L=0.438mH$。电缆等效模型如图 4.1，假设电缆长度 100km、交流电频率 50Hz，即可求出海缆电阻 $R=38.7\Omega$、电容容抗 $X_C=149.52\Omega$、电感感抗 $X_L=13.75\Omega$。电感感抗值较小，损耗可以忽略不计，但它可以导致电流相位滞后。电容容抗值较大，可造成无功功率损耗严重。如果采用交流输电，需安装串联电容补偿器。如果采用直流输电，不

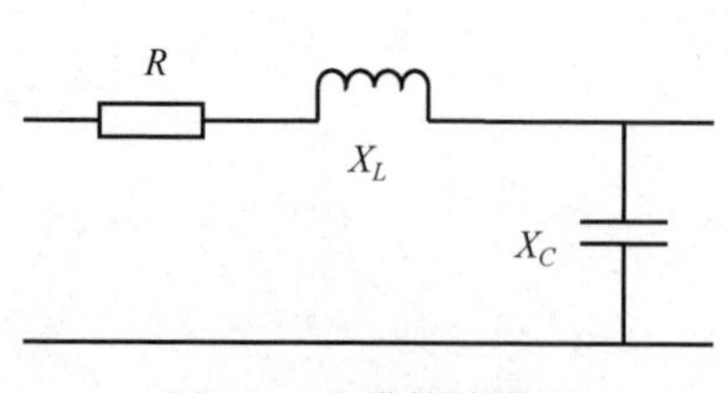

图 4.1　电缆等效模型

受容抗和感抗的影响，不存在无功功率损耗。只考虑电缆电阻损耗。因此采用直流输电模式线路功率损耗较小。

对于传统的高压交流输电系统，电线架设在空气中，线路与大地构成电容。但由于空气作为介质，此时电容较小，因而对电路传输影响可忽略不计。但在海底电缆供电方式中，线路与大地、海水直接构成较大的电容，因动态损耗造成的功率损耗不可忽略。

阻抗公式：

$$Z = \frac{1}{\mathrm{j}\omega C} \tag{4.1}$$

式中，Z 为阻抗；ω为频率；C 为电容。

上述阻抗相当于在电缆与海水之间构成一条支路，造成功率损耗严重。而采用直流输电不受容抗的影响，可提高有功功率的传输效率。

海底观测网设计寿命一般为 20 年以上，对稳定性提出了很高的要求。交流输电的输送功率 P 可表示如下：

$$P = \frac{V_1 \cdot V_2}{X_{12}} \sin\delta \tag{4.2}$$

式中，V_1、V_2 分别为输送端和接收端交流系统的等值电势；δ 为 V_1 和 V_2 两电势之间的相位差，称为功率角；X_{12} 为 V_1、V_2 之间的等值阻抗。

当 δ=90° 时，输电功率 P 最大，此时为输电线路的稳态极限。当系统有小扰动时，则可能使 $\delta > 90°$，导致系统不稳定。随着输送距离的增加，阻抗 X_{12} 将增加，输送的功率将减少。为增加输送功率、提高系统的稳定性，可增设串联电容补偿、增加输电回路以减少 X_{12}，这样将提高输电线路费用。直流输电回路不存在相位差 δ，因此不存在交流输电系统的稳定性问题，直流输电系统稳定效果优于交流输电系统。

相同的电缆绝缘强度所允许的直流电压比交流电压高两倍，所以工作在相同电压下，直流电缆的成本远低于交流电缆。因此，利用直流输电可降低电缆投资，节约成本。

在目前的海底观测网供电系统研究中，加拿大的 NEPTUNE 是恒压供电的代表，日本建设的 ARENA 是恒流供电的代表，两种供电性能的比较见表 4.1。从表中可以看出，恒流系统最大的优点是具有很强的抗故障能力，当海缆出现短路故障时，在故障点与岸基站之间的输电网络电流不变，其间的海底观测仪器可以正常工作。因此恒流供电方式适合应用在海底地质情况复杂、地质灾害多发地带。恒流供电方式的缺点：①电能传输效率低，海缆损耗电能较高，不适合大规模大功率组网建设；②网络扩展能力差，由于恒流供电要求支路与主干路电流相等，因此分支节点需要安装电流转换器。恒压供电方式虽然抗故障能力差，发生短路故障时容易引起供电系统崩溃，但是网络扩展能力强，电能传输效率高。因此，如果提高了恒压供电方式的故障诊断和隔离能力，则直流恒压系统在大型海底观测网建设方面更具有优势。

表 4.1　两种供电方式优缺点

特征	ARENA	NEPTUNE
供电	每个电能分支点可为单条线路提供的功率为 3.9kW。受线路耐压程度的限制，每个岸基站可提供的最大功率为 20kW	每个节点几千瓦，最多 10kW。受稳定性因素影响，每个岸基站可提供的最大功率为 100kW
分支	需要 DC/DC 变换器	只需要无源节点分支设备
抗故障能力	强	弱
短路	岸基站自动调节电压时电流不受影响	在网络正常工作前，需要检测、定位与隔离
开路	会造成设备的损耗	会造成系统整体输出能力下降
恢复时间	几乎是瞬间	几分钟，或者几十分钟
故障点定位	可通过传统的电阻测量和节点检测来排除故障，且排除故障时系统仍可以工作	可以使用传统的电阻测量方法，但是需要系统停止运行
需求	电流-电流转换器 电流-电压转换器	高压-中压转换器 中压-低压转换器 故障保护方案
网络扩展	节点数量的增加会导致压降。根据具体供电设备的不同以及网络拓扑的差别，海缆的电压承受等级是限制功能的因素	负载的增加导致电流的增加。根据具体供电设备的不同以及网络拓扑的差别，这会影响网络的稳定性并可能毁坏网络

因此，海底观测网选用直流恒压输电方式为科学设备提供电能，既降低了成本又减少了输电回路的损耗，并且提高了输电回路的稳定性。

2. 单极、双极系统可靠性分析

双极输电系统是指利用两根输电线分别传输正电势和负电势，具有更高的输送容量。当输电线路或换流站的一极发生故障需要退出工作时，双极系统可以转化为单极系统继续完成供电，因此，无论在供电可靠性还是供电效率上，双极系统都优于单极系统。但是，双极系统需要两根导线，成本较高，在海洋输电工程中并不具有优势。单极系统利用一根导线和大地(或海水)组成供电回路，结构简单，降低线路损耗的同时又降低了成本。这种供电方式更适合于高压海底电缆直流传输工程，目前采用这种方式的直流输电工程有瑞典-芬兰的芬挪-斯堪工程、瑞典-德国的波罗的海工程等。

单极系统还分为正极性输电、负极性输电。负极性输电采用大地(海水)作为输电回路的正极，单根导线作为输电回路的负极，正极性输电与此相反。若采用正电压并利用海水作为另一根导线的输电方式，水下接驳盒即是阳极，存在快速腐蚀的问题，即便可以在其上加装特殊材料作为接驳盒的牺牲阳极，但是牺牲阳极更换困难，每次更换接驳盒上的牺牲阳极时不得不将接驳盒提出水面。采用负极性输电方式，可解决水下接驳盒阳极快速腐蚀的问题。采用负电压的输电方式，海水作为回路的一部分，电势为零，光电复合缆中传输–10kV 直流电，这样水下接驳盒成为阴极，腐蚀快的问题迎刃而解，且岸基站经过大地进入海水连接可替换的牺牲阳极，此时阳极替换简单方便。

综上所述，本书研究的海底观测网采用直流、恒压、单极、负极性的输电方式，以适应海底观测网向大区域、大功率、多尺度、综合科学观测方向的发展。

4.1.2 海底观测网配电方式

海底观测网包括水下部分和陆地部分。如图 4.2 所示，水下部分由主接驳盒、次级接驳盒、分支单元和传感器等组成。主接驳盒和次级接驳盒主要实现观测设备能源分配供应、信息采集与管理(包括移动观测平台能源供给与信息传输等)；分支单元实现故障海缆的自动隔离，避免故障海缆对其他观测部分的影响。陆地

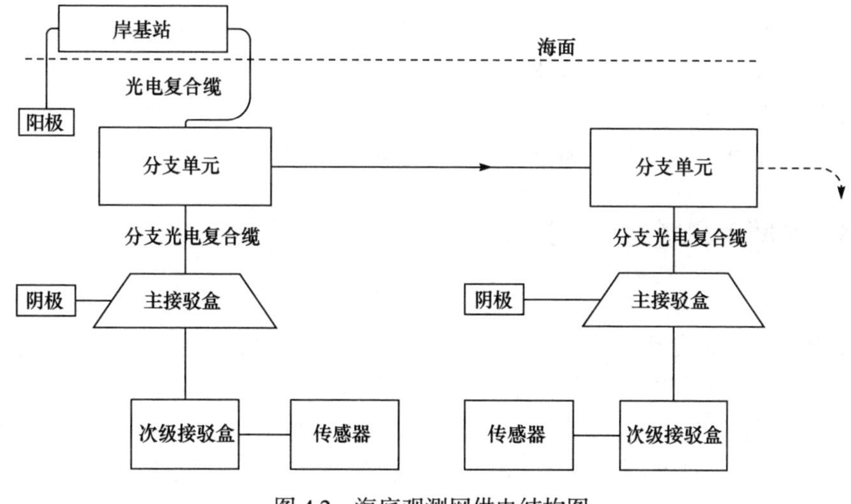

图 4.2 海底观测网供电结构图

部分由光电复合缆登陆点、岸基站组成。岸基站控制系统包括监控系统、数据库管理系统、数据分析与可视化系统等，其功能主要是实现实时监控信号的分析与处理等[5-6]。

岸基站电源部分为整个海底观测网提供电能。常用的岸基站供电方式有单端供电和双端供电两种。

图 4.3 为岸基站采用单端供电的示意图。采用单端方式进行供电时，仅通过一个岸基站供电设备对整个海底观测网进行供电，岸基站供电设备通过海缆和海水与接驳盒构成供电回路。为提高供电可靠性，单端供电设备应具有冗余设备，当主供电设备出现故障无法进行工作时，可切换至冗余设备，由冗余设备进行供电，以确保海底观测网的正常运行。单端供电方式供电结构简单，但抗故障能力差，当海缆或接驳盒故障时，容易造成整个系统瘫痪[7-8]。

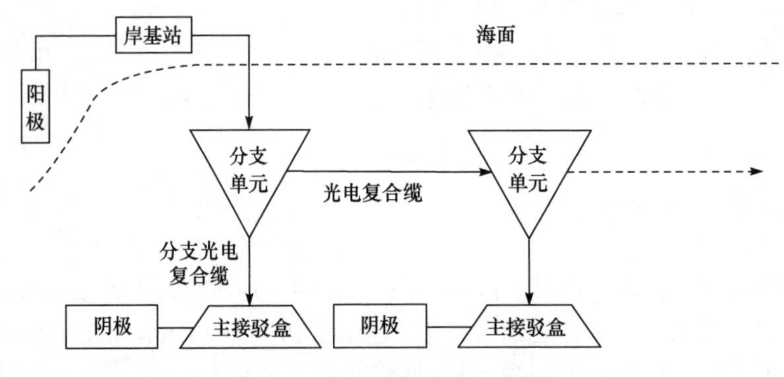

图 4.3　岸基站单端供电示意图

采用双端方式进行供电时，两个岸基站供电设备同时为海底观测网进行供电，供电能力为单端供电方式的两倍。一端的岸基站供电设备出现故障时，可由另一端的岸基站单独为整个观测网络提供电能。当海缆出现故障时，可通过分支单元的开关隔离故障海缆，将观测网分割成独立运行的两部分，分别由两个岸基站供电设备提供电能，因此抗故障能力优于单端供电方式。

4.1.3　海底观测网配电拓扑结构

海底观测网配电拓扑结构以海底光电复合缆、分支单元及接驳盒的构成方式进行分类，可分为线形拓扑结构、树形拓扑结构、环形拓扑结构、网状拓扑结构。海底观测网的拓扑结构可以用点和线组成的图表示，岸基站、接驳盒及分支单元用点表示，光电复合缆用线表示。通过拓扑结构进行供电可靠性分析。可靠性定义如下：岸基站与接驳盒之间能找到一条通路，就说明供电网络是可靠的；当岸基站与接驳盒之间找不到一条通路时，说明网络已经失效。

1. 线形拓扑结构

线形拓扑结构是最简单的拓扑结构，只有一根光电复合缆作为主干海缆，通过分支单元连接接驳盒，一般采用单端供电方式。线形拓扑结构如图 4.4 所示，节点 1 为岸基站，节点 2～4 为分支单元，节点 5～8 为接驳盒。根据网络可靠性的定义分析，当岸基站与接驳盒之间的任意一个分支单元或任何一段海缆不可靠时，系统为不可靠系统。设分支单元的可靠性为 R_2、R_3、R_4，各段海缆的可靠性为 R_{ij}，如节点 1、2 之间的海缆的可靠性为 R_{12}。

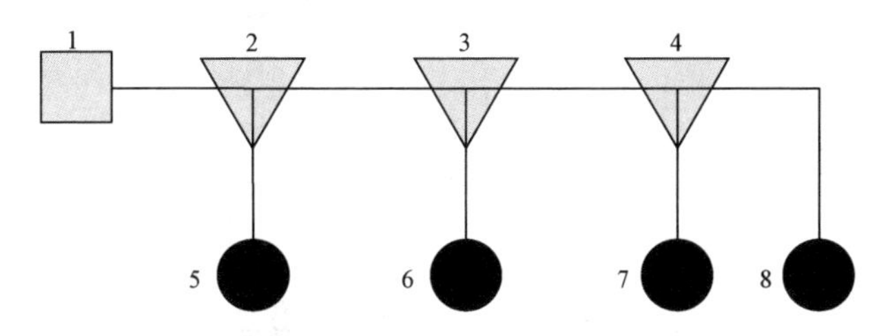

图 4.4 线形拓扑结构

在线形拓扑结构中，从岸基站节点到接驳盒节点之间只存在一条通路，因此两节点之间的网络可靠性可用点到点的可靠性表示。如岸基站节点 1 到接驳盒节点 7 之间的可靠性为

$$R_{1\_7} = R_{12}R_2R_{23}R_3R_{34}R_4R_{47}$$

从上式中可以看出，任何一个元素出现故障，接驳盒节点 7 将不能使用。某段海缆或某个节点出现故障，如果不能通过分支单元隔离故障，整个系统将瘫痪。系统可靠性可表示为

$$R = \prod_{i=2}^{4} R_i \prod_{j=1}^{3} R_{j(j+1)} \prod_{z=2}^{4} R_{z(z+3)} R_{48}$$

线形拓扑结构接线简单、投资少、成本低，任一元素出现故障便会导致整个系统故障，因此对可靠性要求很高的海底观测网供电方式不适宜采用这种拓扑结构。

2. 树形拓扑结构

树形拓扑结构的海底观测网拓扑结构图如图 4.5 所示，其中节点 1 为岸基站，节点 2～5 为分支单元，节点 6～10 为接驳盒。树形拓扑结构和线形拓扑结构一样，采用单端供电方式，岸基站节点到每个接驳盒之间只有一条通路。根据拓扑结构和可靠性的定义可知，岸基站节点 1 和接驳盒节点 9 之间的可靠性为

$$R_{1\_9} = R_{12}R_2R_{23}R_3R_{35}R_5R_{59}$$

从上式中可以看出，网络中任一元素出现故障，有可能导致整个系统瘫痪。系统可靠性可表示为

$$R=\prod_{i=2}^{5}R_i\prod_{j=1}^{3}R_{j(j+1)}R_{35}R_{26}R_{47}R_{48}R_{59}R_{5(10)}$$

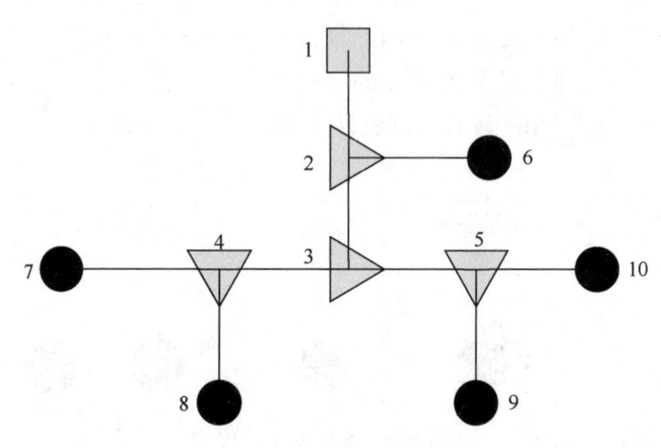

图 4.5　树形拓扑结构

相对于线形拓扑结构，树形拓扑结构扩展容易，提供了更灵活的网络配置结构，故障定位和隔离容易实现，但可靠性方面没有任何提高。

3. 环形拓扑结构

环形拓扑结构是国际光缆通信系统中使用较多的一种拓扑结构，如图 4.6 所示，主干网为环形拓扑。该结构采用双端供电方式，具有两个岸基站节点(节点 1、2)、5 个分支单元节点(节点 3～7)、5 个接驳盒节点(节点 8～12)。岸基站连接在主干网的两端，当主干网出现故障后，通过分支单元内部的开关将故障海缆隔离，网络结构分别由岸基站 1、2 单独供电，形成了两个独立的线形拓扑结构。因此，该结构是一种可靠性较高的网络结构。

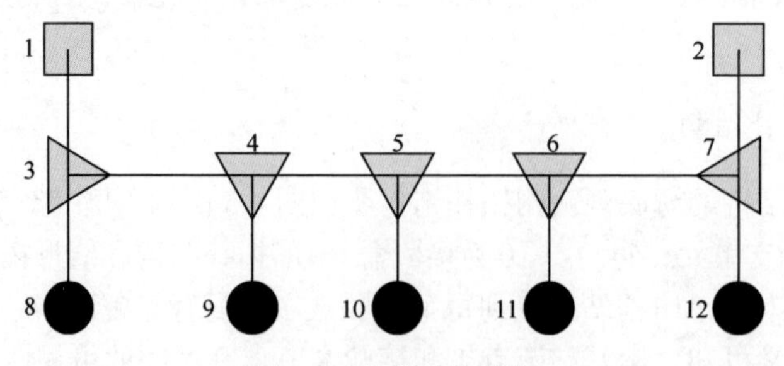

图 4.6　环形拓扑结构

分支单元和各段海缆的可靠性表示方法与树形拓扑结构相同。由拓扑结构可

知，接驳盒节点 10 可由岸基站 1、2 共同提供电能，构成两个供电回路，可得到接驳盒节点 10 的可靠性：

$$R_{10} = R_1R_{13}R_3R_{34}R_4R_{45}R_{5(10)} + R_2R_{27}R_7R_{67}R_6R_{56}R_{5(10)}$$

由于环形拓扑结构中，每个接驳盒与岸基站 1、2 都可以构成回路，当某一个分支节点和海缆出现故障后，系统可以通过另外的一个回路完成供电，因此该结构的可靠性能与树形拓扑结构相比有了很大的提高，适用于海底观测网的供电系统。

4. 网状拓扑结构

网状拓扑结构如图 4.7 所示，主干网为网格状，由两个岸基站(节点 1、2)为网络提供电能，还包括 13 个分支节点(节点 3～15)、9 个接驳盒节点(节点 16～24)。接驳盒与岸基站之间构成了多个供电回路，供电可靠性得到了进一步提高。每个接驳盒节点与岸基站节点之间构成的回路都大于等于两个，因此每段海缆和分支单元出现故障，经故障隔离后，对系统不会造成影响。分支单元和各段海缆的可靠性表示方法与树形拓扑结构相同，由拓扑结构可知，接驳盒节点 19 的可靠性可表示为

$$\begin{aligned}R_{19} = &R_{13}R_3R_{34}R_4R_{45}R_5R_{59}R_9R_{9(19)}\\&+R_{27}R_7R_{67}R_6R_{56}R_5R_{59}R_9R_{9(19)}\\&+R_{13}R_3R_{38}R_8R_{8(11)}R_{11}R_{11(12)}R_{12}R_{12(13)}R_{13}R_{13(9)}R_9R_{9(19)}\\&+R_{27}R_7R_{7(10)}R_{10}R_{10(15)}R_{15}R_{15(14)}R_{14}R_{14(13)}R_{13}R_{13(9)}R_9R_{9(19)}\end{aligned}$$

接驳盒节点 19 与岸基站 1、2 构成了 4 个供电回路，假设海缆 R59 出现故障，分支单元 5、9 打开内部开关，隔离海缆故障，接驳盒 19 还可以通过另外两个供电回路获得电能。

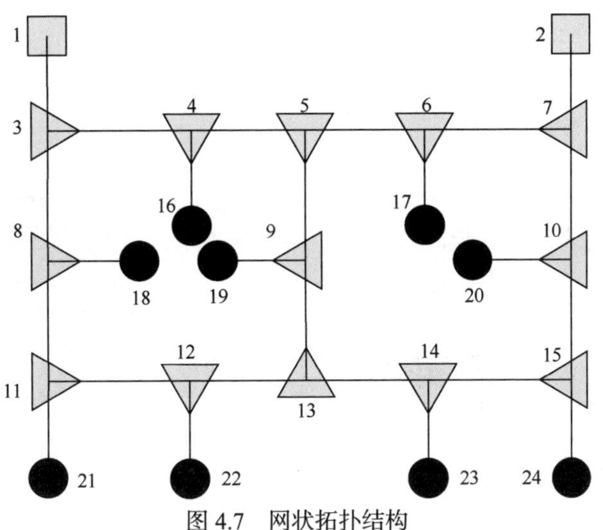

图 4.7　网状拓扑结构

综上所述，在供电系统可靠性方面，网状拓扑结构效果最佳，但该结构实现难度更大，线路更复杂，输电线路更长，输电海缆成本更高。随着故障隔离识别技术的发展，网状拓扑结构因具有超强的输电能力和更高的可靠性，未来海底观测网将更多采用网状拓扑结构。

4.1.4 供电系统工作方式

海底观测网供电系统位于海底的设备主要有光电复合缆、接驳盒、观测设备、分支单元。由于观测设备连接在接驳盒上，如果观测设备出现故障，可以通过接驳盒内部电源检测管理模块进行隔离。如果光电复合缆、接驳盒出现故障，只能通过分支单元内部的开关进行故障隔离。

通常，分支单元可获取的能源有限，不具备与岸基站、接驳盒通信的能力。在海缆通信系统中，由于采用恒流的供电方式，文献[9]提出了通过调节岸基站输出电流的大小实现与分支单元内部控制器的简单通信，从而实现分支单元的分支功能及电路切换功能。海底观测网选用恒压供电方式，采用岸基站输出不同等级的电压，实现与分支单元的简单通信，使分支单元进入不同的工作模式，实现系统的启动、故障定位、隔离功能。

接驳盒的主要功能是利用直流电压变换器将光电复合缆的负高压−10kV 转换为+375V。直流变换器具有两个特性：光电复合缆的电压为正电压时，直流变换器不工作，此时供电网络电流为 0V；直流变换器具有负高压启动门限电压$U_{\min}$，当光电复合缆的电压大于门限电压$U_{\min}$时，直流变换器才可以工作[10-11]。

海底观测网供电系统工作模式包括启动模式、故障监测诊断、正常工作模式、故障定位、故障隔离，工作模式流程图如图 4.8 所示。根据岸基站输出电压的不同，系统进入不同的工作模式，分支器内开关执行相应的动作。系统在不同工作模式下的工作状态如下。

1. *启动模式*

系统在启动之前，分支单元内部的开关处于断开状态。当岸基站输出电压为+500V 时，系统进入启动模式。若岸基站与分支单元之间的海缆无故障，分支单元内部的开关闭合。若存在故障，则系统进入故障定位模式。分支单元开关闭合后，系统电压到达下一个分支单元，利用同样的原理实现闭合。如此循环，最终分支单元内部的开关全部闭合完毕。分支单元内部的开关采用自锁式继电器，闭合后不需电流仍能保持闭合状态。

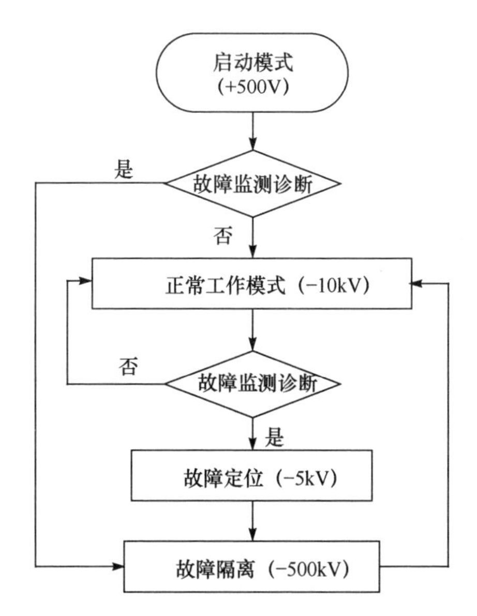

图 4.8　供电系统工作模式流程图

2. 故障监测诊断

故障监测诊断包括两部分：系统启动模式时的故障监测诊断和正常模式下的故障监测诊断。假设系统启动时海缆不存在任何故障，启动模式完成后，此时岸基站输出的电流为 0V。调整岸基站的输出电压为−10kV，接驳盒开始工作，系统进入正常工作模式。岸基站控制系统调用电力系统监测控制软件(PMACS)对整个供电网络进行故障监测，如有海缆出现故障，系统将停止工作，进入故障定位模式。

3. 故障定位

故障定位模式是针对出现的海缆故障，对海缆故障点进行准确的定位，便于及时对故障进行修复。当识别出海缆存在故障时，调节岸基站的输出电压，使电压的绝对值低于直流变换器门限电压$U_{\min}$的绝对值，如−1000V，此时只有故障点处有电流流过，调用故障定位方法进行故障定位。

4. 故障隔离

故障隔离是指针对出现的接驳盒故障、海缆故障，采用故障隔离方法，利用继电器开关实现对故障的隔离，保证系统其他部分正常工作。隔离观测设备故障时，利用接驳盒内部的继电器实现，不需要调整岸基站输出电压。隔离海缆故障时，需调整岸基站的输出电压，如−500V，使分支单元内部的控制系统工作，利用内部的隔离方法隔离故障。故障隔离后，岸基站输出电压变为−10kV，进入正常工作模式[12]。

4.2 海水供电回路原理分析

4.2.1 海水导电概述

海底观测网采用单极负高压输电方式，利用海水和光电复合缆的单根铜线作为输电回路，海底观测网单极直流输电示意图如图 4.9 所示。海底观测网岸基站产生的–10kV 负高压直流电通过光电复合缆中的一根铜线传输到海底主接驳盒，通过接驳盒内部的 DC/DC 模块进行转换，得到接驳盒内部控制电路和海底观测网传感器的工作电压[13]。

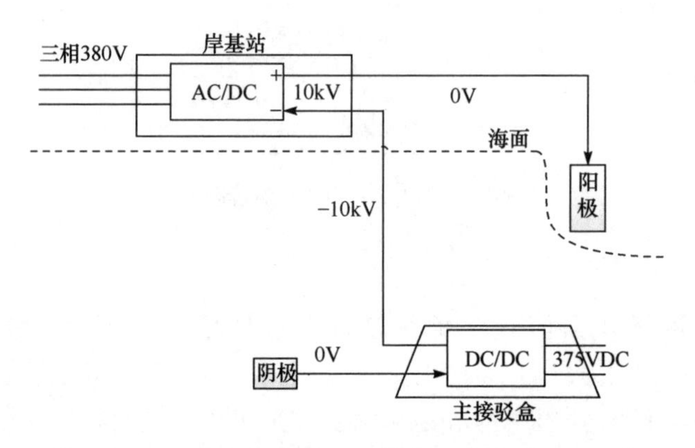

图 4.9　单极直流输电示意图

直流输电回路有两种基本类型即金属回路和大地(包括海水)回路。导体分为两类，即电子导体、离子导体，区别见表 4.2。从表中可以看出，离子导体不能独立完成导电任务，欲使离子导体导电，必须有电子导体与之相连接。为了使电流在电解质溶液中通过，需要在溶液的两端分别插入金属导体，才能构成通路，于是就形成了金属-溶液-金属串联的系统，其中金属就是两个电极。当电流通过离子导体时，除了可能产生热量外，在两个电极与溶液的接触面上必然伴随化学反应发生。海水中含有大量的 Na^+、H^+、K^+等阳离子，阴离子有 Cl^-、Br^-等，所以我们把海水作为电解质溶液，电流在海水中以离子的形式进行传输。在电源电场力的作用下，电源负极的电子通过导线迁移到阴极，同时阳极上的电子通过导线迁移到电源正极，要想维持金属导体电子的流动，阴极必须不断失去电子，阳极必须不断得到电子[13-14]。由于电子不能从阴极直接进入溶液到达阳极，因此在阴极和溶液的界面就发生了消耗电子还原反应，释放出氢气，并在阴极表面有白色附着物产生，经分析主要成分为氢氧化钙、氢氧化镁。还原反应公式如下：

$$2H_2O+2e^- \longrightarrow H_2\uparrow +2OH^-$$

$$Mg^{2+}+2OH^- \longrightarrow Mg(OH)_2\downarrow$$

$$Ca^{2+}+2OH^- \longrightarrow Ca(OH)_2\downarrow$$

在阳极和溶液的界面处就发生了产生电子的主要氧化反应过程：

$$2Cl^- - 2e^- \longrightarrow Cl_2$$

表 4.2　两类导体的区别

	电子导体	离子导体
导体材料	金属、石墨、金属氧化物等	电解质溶液
导电原理	自由电子在电场作用下的定向移动	离子在电场作用下的定向移动
导体是否发生化学变化	只产生热量，不发生化学变化	产生热量，在电极与溶液接触面发生化学变化
能否单独完成导电任务	能	不能，必须与电子导体连接，电子导体称为电极

4.2.2　海水电极材料性能分析

海水导电过程中起主要作用的是阴阳电极。由于阴阳电极长期与海水或大地接触，并且在阳极表面生成腐蚀性很强的氯气，并伴有少量的氧气，加剧了对阳极的腐蚀作用，所以电极材料放在海水里必须具有超强的耐腐蚀性。另外，海底观测网设计使用寿命一般为 20 年以上，海底设备维修既昂贵又费时。因此，阴极和阳极材料一般采用具有导电性能好、耐海水腐蚀、消耗率低、寿命长等特点的石墨、高硅铸铁、钛基贵金属氧化物等[15]。

碳在 20 世纪末已经应用于电解海水制氯行业。石墨导电性强于碳，并且价格低廉，逐渐取代了碳，成为新型石墨电极。石墨分子呈晶体结构，共价键非常稳定，在常温电解液中不易离子化，电解速率很小，适合作直流电极，在早期直流输电工程的海岸和海水接地极中广泛应用。但石墨电极具有非常松散的层状结构，气体容易渗入石墨的层状结构，破坏层间较弱的结构使石墨变成疏松的粉状物质而溶解，如果在通电过程中有氧气生成，就会造成石墨材料反应生成二氧化碳，导致石墨电极腐蚀。通常用合成树脂对石墨进行浸渍处理以减少电解质和氧气的渗入，增加机械强度。由于阳极产生的氯气对树脂具有浸渍破坏作用，使石墨溶解，所以在海岸和海水环境中，石墨电极的寿命取决于合成树脂保护作用时间的长短，因而限制了石墨电极的使用。石墨电极消耗率在不同环境中差异很大，一般在 4.5～5kg/(A・a)。

高硅铸铁合金电极应用广泛，含有 14.5%硅材料、4.5%铬元素，抗腐蚀性强。

当电流通过，其表面很容易氧化形成一层SiO_2多孔保护膜，增加阳极的耐腐蚀性，降低阳极的溶解速率。高硅铸铁电极具有良好的导电性，其允许的电流密度为5～80A/m^2，消耗率小于0.5kg/(A·a)。高硅铸铁硬度高，耐腐蚀性好，但不易机械加工，只能铸造成型，且在有氯气生成的环境中应用时，由于氯气的腐蚀性很强，会侵入破坏SiO_2保护膜，使铸铁表面产生点蚀现象，加快了高硅铸铁电极的腐蚀，这就阻碍了它在海水中的应用。为提高电极利用率，减少“尖端效应”，电极可采用中间连接的圆筒形。

钛基贵金属氧化物是以钛板作为基体，表面镀上贵金属材料，常用的贵金属材料有铂、钌、铱等。铂具有良好的导电性能，几乎不受环境的影响，比一般材料允许的电流密度都大，由于其价格昂贵，不易直接作为电极使用[16-17]。镀铂钛电极常用在海洋环境中，在富含氯离子的海水中，钛的击穿电压为9V，所以镀铂钛电极最大的工作电压可以达到8V，因此其电流密度可以达到5000～3000A/m^2。镀铂钛电极的消耗率为8～16mg/(A·a)。

本节对石墨电极和镀铂钛电极材料做了耐腐蚀实验，实验条件：60V可调直流电源，电流3.5A，8Ω电阻丝负载。结果如图4.10～图4.13所示，石墨阳极表面有明显的腐蚀痕迹，镀铂钛电极没有明显变化，石墨电极和镀铂钛电极表面均有白色物质覆盖，白色物质不具有导电性能。实验结果表明，镀铂钛电极耐腐蚀性更好。

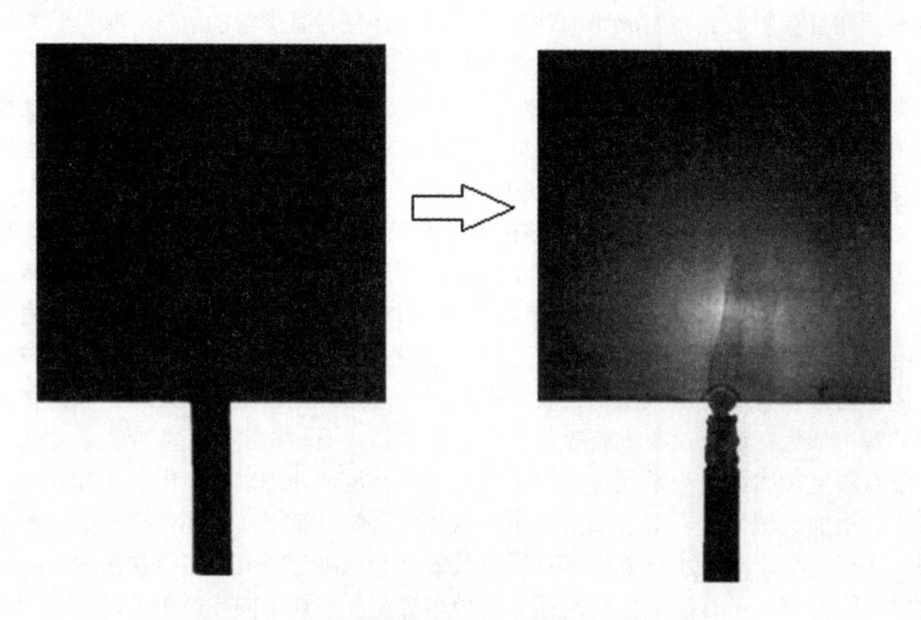

图4.10　镀铂钛阳极实验前后变化图片(见书后彩图)

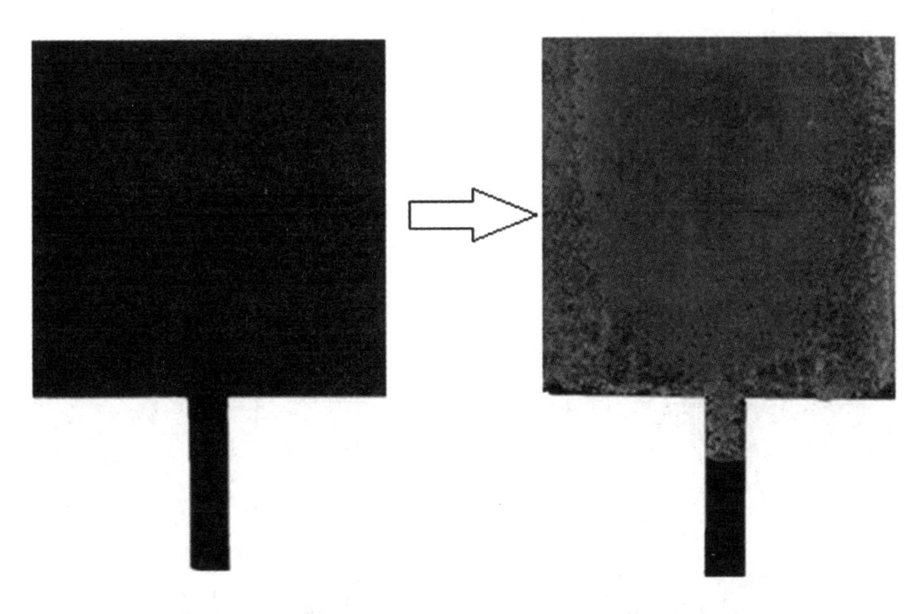

图 4.11 镀铂钛阴极实验前后变化图片(见书后彩图)

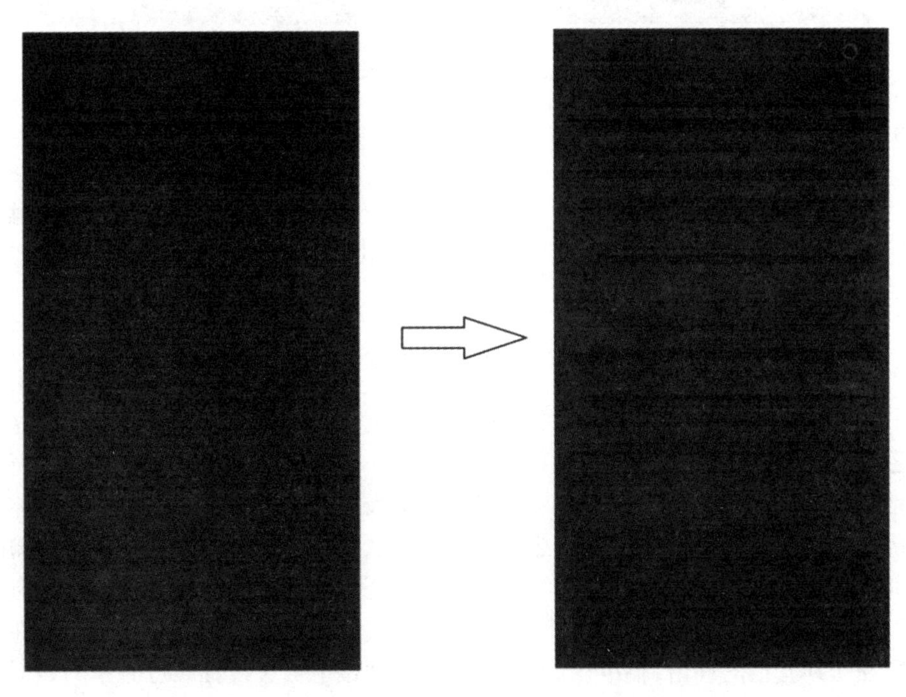

图 4.12 石墨阳极实验前后变化图片(见书后彩图)

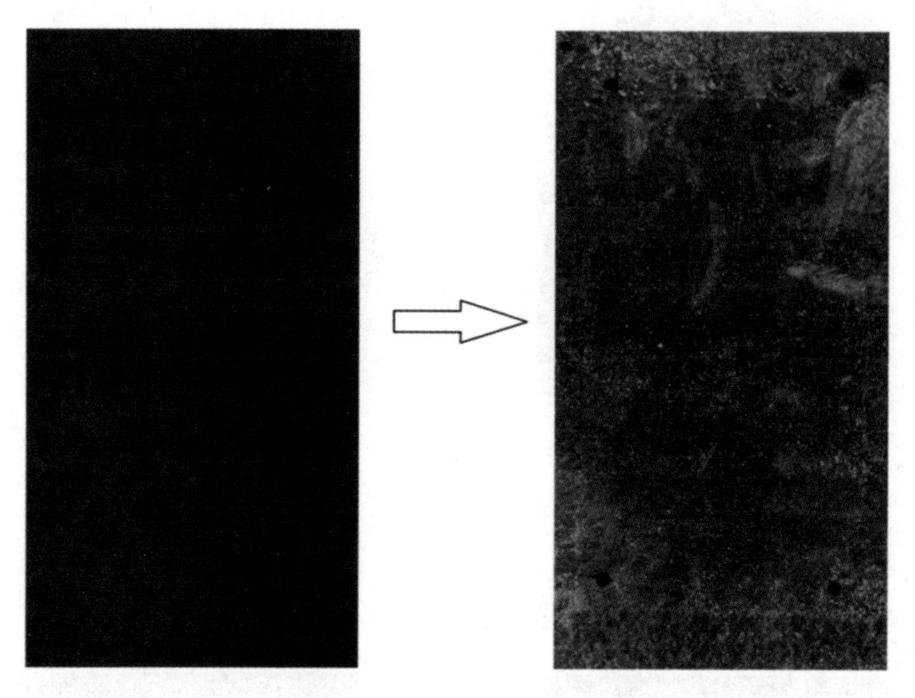

图 4.13　石墨阴极实验前后变化图片(见书后彩图)

4.2.3　回路电阻试验分析

回路电阻主要包括两部分：海水导体电阻、接地电阻(即电极与海水接触电阻)。电极安装方式、电极面积、阴阳极间距等因素变化时，回路电阻均会产生相应变化。

1. 不同电极安装方式下回路电阻的变化情况

利用海水进行电能传输，需要在岸基站附近设置一个阳极，在海底接驳盒上设置一个阴极。阴极固定在接驳盒上，放在海底，阳极可采用海水接地极、海岸接地极和近海陆地接地极。海水接地极，把阳极直接放入海水中，生成的气体可以部分被海水吸收，导电产生的热量可随海水散发，但容易受海浪的冲击，输电性能不稳定。海岸接地极布置在海洋岸边，垂直放在多孔的混凝土管道中，海水可以通过这些孔自由流动，海水流通比较慢，必要时需加水泵增加海水的流动性，不容易受到海浪的冲击，输电性能稳定。近海陆地接地极埋设在靠近海岸的地下，通过连接在阳极上的导气管将产生的气体排出，与前两种方法相比其接地电阻偏大，但对于海底观测网这种电流不是很大的使用场合是适用的，尤其是陆地接地极的维护较为方便。

针对海水接地极、海岸接地极做对比实验，实验结果如图 4.14。海水电极的回路电阻小于海岸电极的回路电阻，由于阳极直接放入海水中，海水流动性好，易于海水离子的流动，所以电阻较小。但是两种安装方式下电阻相差很小，采用海岸电极安装方式，可以提高输电系统的稳定性和可维护性。

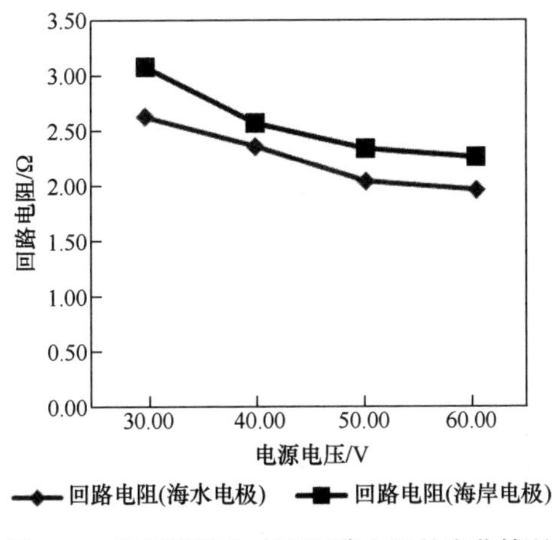

图 4.14　不同安装方式下回路电阻的变化情况

2. 不同电极面积下回路电阻的变化情况

实验过程中采用了面积不同的石墨电极，验证电极面积和回路电阻的变化关系。第一种情况采用两块较小的石墨电极分别作为阴极和阳极，面积均为 215cm^2；第二种情况采用两块面积分别为 2080cm^2、1055cm^2 的石墨电极作为阴极和阳极。实验结果见图 4.15。

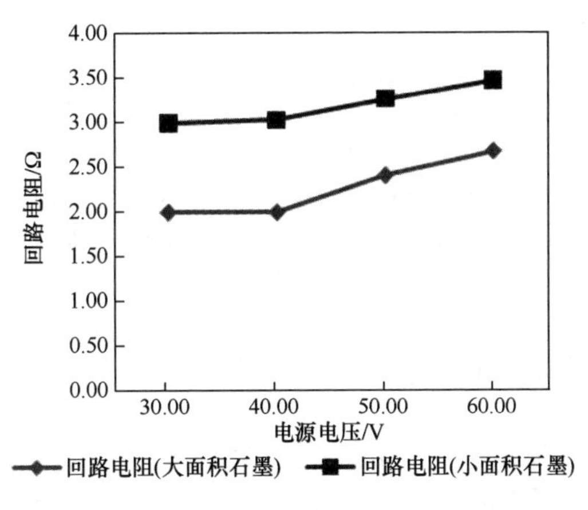

图 4.15　不同电极面积下，回路电阻的变化情况

由图 4.15 可知，小面积石墨作为电极，回路电阻较大。由于回路电阻包括海水导体电阻和接地电阻，这两种情况下海水导体电阻不变，但大面积石墨增加了海水与石墨的接触面积，降低了接地电阻，所以回路电阻变小，因此在设计海底观测网电极时可以考虑设计成网孔状，增加海水与电极的接触面积。

3. 不同阴阳极间距下回路电阻的变化情况

为了验证回路电阻与距离之间的关系，进行以下实验：选用镀铂钛电极材料，负载为 10Ω 电阻丝，60V 可调恒压电源，阴阳极间距分别为 25m、50m、75m、100m，通过调节电压，改变电路回路里的电流，获得多组数据，检测回路电阻随距离的变化情况。实验结果见图 4.16。

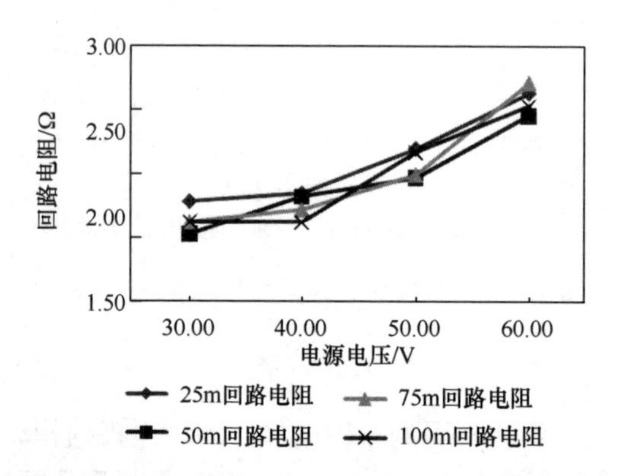

图 4.16　阴阳极间距变化时回路电阻的变化情况(见书后彩图)

数据显示，回路电阻与距离没有明显的关系，并不像金属导体那样随距离的增加而增大。海水作为导体，其横截面积为无穷大，所以电阻受距离的影响可以忽略不计。同时亦得出：电源电压增大时电阻变小。理论上电阻与电压无关，但回路电阻包括海水导体电阻和接地电阻，海水作为电解质溶液符合法拉第定律和欧姆定律，海水导体电阻大小与电压无关，但接地电阻受电压的影响。当电极表面与海水之间的电位差即海水电极的电极电位改变 100～200mV 时，就可使电极反应速度变化十倍，因此电极与海水接触电阻不符合欧姆定律，当电压增大时回路电阻有减小趋势。

4.2.4　海水作为输电回路对环境的影响分析

国外研究人员针对海水作为输电回路对环境的影响进行了大量的研究。文献[18]、[19]针对海水作为输电回路对环境的影响进行了详细的分析，可能有以下几个方面的影响：对人类、水中生物安全的影响；生成的气体对海洋环境的影响；

对船上电磁罗盘的干扰[20]。

海水是一种均匀良好的导电介质，开阔海域中海水近似为等电势体，可认为海水中不存在电位梯度，所以像海底观测网这种低电流的情况，不会对人类和水中生物的生命安全造成影响。但海水电极放在海水中，电极附近的电场强度有可能对海洋生命造成不利的影响，所以设计海洋电极时应考虑降低海洋电极与海水的接触电阻。海洋电极在导电的过程中，在阳极表面生成有毒氯气，但氯气可以被海水吸收，发生化学反应生成次氯酸根离子，所以不会对海洋环境造成污染，也不易散发到空气中造成空气污染。当单极直流输电以海水作为输电回路时，由于电流的分布范围极广，所以与电缆电流产生的磁场不能抵消，从而使经过电缆上方的船只的电磁罗盘受到干扰。但由于回路电流较小，这种影响仅出现在海底电缆的上方很小的水域内，同时现代大型船采用 GPS 导航设备，电磁罗盘只作为备用设备，所以不会造成太大影响。

4.3 能源供给系统展望

目前主要海底观测网采用恒压供电、恒流供电相两种供电方式，两种方式各有优缺点，主要根据使用环境和使用要求确定方案。能源系统将朝着更加智能化、鲁棒性更强、维护维修更便利的方向发展。

参考文献

[1] 陈燕虎. 基于树型拓扑的缆系海底观测网供电接驳关键技术研究[D]. 杭州：浙江大学, 2012.

[2] Howe B M , Kirkham H , Vorperian V . Power system considerations for undersea observatories[J]. IEEE Journal of Oceanic Engineering, 2002, 27(2): 267-274.

[3] 周学军, 樊诚, 李大伟, 等. 缆系海底观测网恒流输电系统供电方案选择方法[J]. 电力系统自动化, 2015(19): 126-131.

[4] 王希晨, 周学军, 周媛媛, 等. 适用于海底观测网络的恒流远供系统可靠性分析方法[J]. 国防科技大学学报, 2015(5): 186-191.

[5] Clark A M, Kocak D M, Martindale K, et al. Numerical modeling and Hardware-in-the-Loop simulation of undersea networks, ocean observatories and offshore communications backbones[C]//OCEANS, 2009: 1-11.

[6] 张扬, 周学军, 王希晨, 等. 海底观测网恒压远程供电系统[J]. 光通信技术, 2014(1): 22-25.

[7] 王希晨, 周学军, 张杨. 用于海底观测网络的海缆远程供电系统的可靠性[J]. 海军工程大学学报, 2014(6): 95-98.

[8] Kirkham H, Howe B M, Vorpérian V, et al. The design of the NEPTUNE power system[C]//OCEANS, 2001: 1374-1380.

[9] Woodroffe A, Wrinch M, Pridie S. Power delivery to subsea cabled observatories[C]//OCEANS, 2008: 1-6.

[10] 吴正伟. 海底观测网岸基站供配电系统设计[J]. 通信电源技术, 2016, 33(6): 87-89.

[11] Lu F, Zhou H Y, Yue J G, et al. Design of an undersea power system for the East China Sea experimental cabled seafloor observatory[C]//OCEANS, San Diego, 2013: 1-6.

[12] Kirkham H. Lessons learned from the NEPTUNE power system, and other deep-sea adventures[J]. Nuclear Instruments & Methods in Physics Research, 2006, 567(2): 524-526.

[13] Schneider K, Liu C C. Topology error identification for the NEPTUNE power system using an artificial neural network[C]//IEEE PES Power Systems Conference and Exposition, 2004: 60-65.

[14] 汤广福, 罗湘, 魏晓光. 多端直流输电与直流电网技术[J]. 中国电机工程学报, 2013, 33(10): 8-17.

[15] 宋玉苏, 王树宗. 海水电池研究及应用[J].鱼雷技术, 2004(2): 4-8.

[16] 郑俊生, 秦楠, 郭鑫, 等. 高比能超级电容器: 电极材料、电解质和能量密度限制原理[J]. 材料工程, 2019(33): 1-13.

[17] Yu N, Yin H, Zhang W, et al. High-performance fiber-shaped all-solid-state asymmetric supercapacitors based on ultrathin MnO_2 nanosheet/carbon fiber cathodes for wearable electronics[J]. Advanced Energy Materials, 2016, 6(2): 1501458.

[18] 吕枫, 周怀阳, 岳继光, 等. 缆系海底观测网电力系统结构与拓扑可靠性[J]. 同济大学学报(自然科学版), 2013, 42(10): 1604-1610.

[19] 冯迎宾. 海底观测网能源供给方法及故障定位技术研究[D]. 北京: 中国科学院沈阳自动化研究所, 2014: 34-37.

[20] 冯迎宾, 李智刚, 王晓辉, 等. 海底单极直流输电中海水作为输电回路的原理实验及分析[J]. 电力系统自动化, 2013(7): 126-129.

5 分支单元

5.1 分支单元概述

电能输送是海底观测网可靠运行的前提和基础，以海缆搭建的水下供电网络是海底观测网的命脉。分支单元是海底观测网中实现海缆分支连接的重要设备。海底观测网分支连接的结构图如图 5.1 所示，分支单元连接主缆和支缆，是连接岸基站供电设备与接驳盒用电设备的枢纽节点，在海底观测网中的作用体现在以下四方面：分支单元实现了接驳盒并联方式的连接，提高了海底观测网运行的可靠性；分支单元实现了海底观测网供电网络的有序可靠连接启动，是观测网正常工作的前提条件；分支单元可以有效隔离故障海缆或故障节点，保证观测网络的

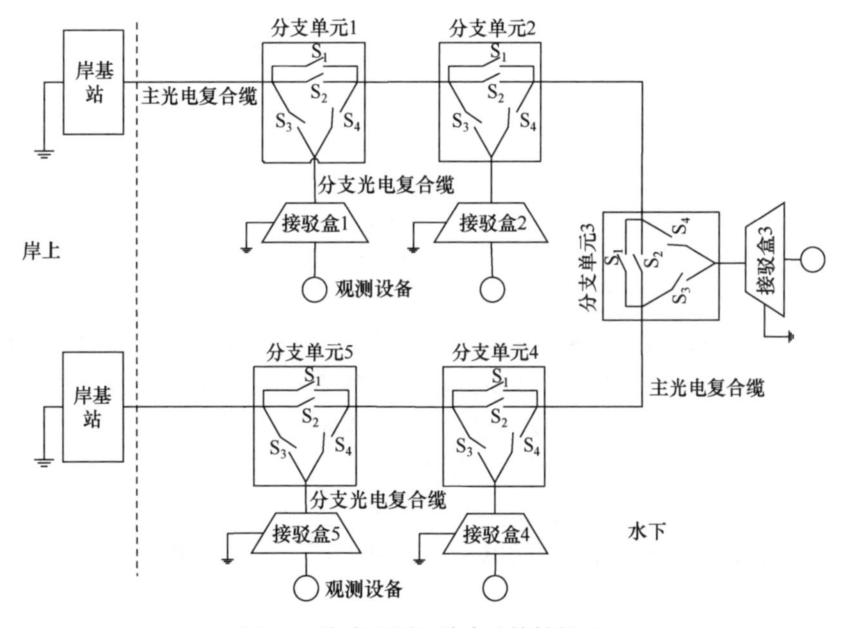

图 5.1　海底观测网分支连接结构图

正常运行，提高了海底观测网的抗故障能力；依靠分支单元可以灵活配置观测网络的观测节点，方便扩充观测节点以实现观测区域的扩大和观测网络的扩容[1-2]。

由此可见，分支单元是海底观测网供电系统的输电枢纽，对于海底观测网供电网络的建立、运行和故障隔离，起着不可替代的重要作用。海底观测网分支单元主要任务是：在海底观测网供电系统启动过程中，可靠有序地实现所有接驳盒的联网，初步建立供电网络；在海缆发生故障时，能及时检测出故障并采用最优化隔离策略隔离故障，保证海底观测网无故障部分的正常运行[3-4]。分支单元设计的关键技术主要有：启动原理方法、故障识别隔离算法、控制电路供电技术、低功耗设计、可靠性设计。

5.2 分支单元硬件设计

5.2.1 启动电路设计

海底观测网的启动过程定义为：在海底观测网正常运行之前，在岸基站输出的启动电压作用下，各个分支单元依次有序闭合其内部开关，与岸基站供电设备连接，建立起输电网络。海底观测网的启动过程是其正常运行的前提条件。

1. 单通路分支单元启动电路

单通路分支单元适用于负载节点，是海底观测网中使用最为广泛的一类分支单元。其启动电路原理图如图 5.2 所示。它的三个端口中有两个端口是主缆端口，用于供电节点分支单元的级联；另一个端口是支缆端口，作为主缆分支，连接接驳盒，为海底观测设备提供电能。分支单元内部有两个启动电路，即左启动电路和右启动电路，对称分布于分支单元主缆接口两端。

分支单元启动电路利用电容充放电的原理，通过硬件电路来实现分支单元内部开关的闭合。为了实现低功耗设计，分支单元内部开关采用自锁继电器：S_1、S_2、S_3、S_4 是自锁继电器开关，是分支单元实现电能分支传输和故障隔离的执行器，L_1、L_2、L_3、L_4 是继电器的置位线圈，额定电流驱动置位线圈，继电器开关闭合，且在置位线圈的驱动电流撤销后，仍保持闭合状态。D_1、D_7 为高压触发二极管，当高压触发二极管两端电压高于触发电压值时，二极管从截止状态切换为导通状态。启动电路主要由电容、自锁继电器、高压触发二极管和电阻构成[5-7]。

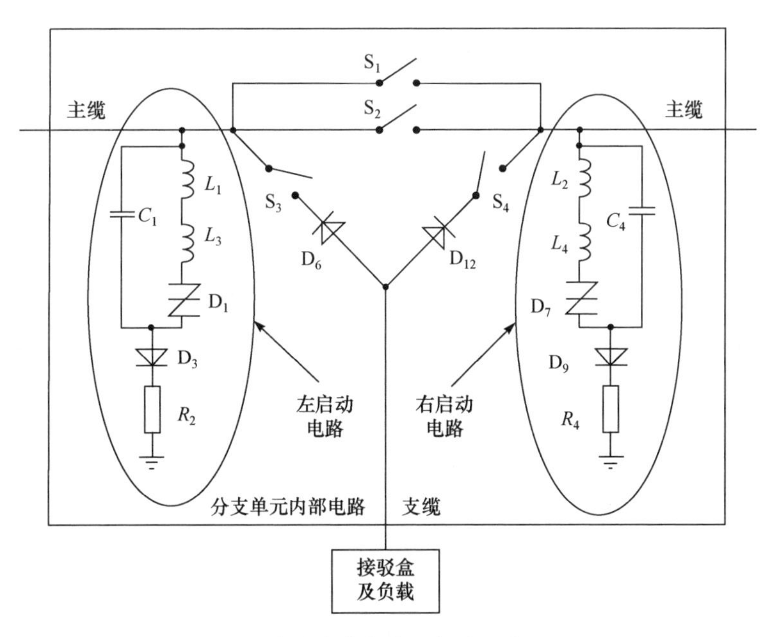

图 5.2 单通路分支单元启动电路原理图

假设在图 5.2 左启动电路加载启动电压，电容 C_1 充电，当 C_1 两端电压超过高压触发二极管 D_1 的触发电压时，D_1 导通，电容 C_1 放电，电流流过置位线圈 L_1、L_3，继电器 S_1、S_3 闭合。S_1 闭合，启动电压加载至右启动电路和下一级分支单元；S_3 闭合，该分支单元连接的接驳盒与岸基站实现了接通。同样的原理，右启动电路闭合继电器 S_2、S_4。至此，分支单元内部继电器开关全部闭合，实现了接驳盒与岸基站电能传输线路的连接。当海底观测网的所有分支单元完成自启动后，海底观测网供电系统的电能传输线路和电能分支线路组建完成，海底观测网启动过程结束。岸基站输出−10kV 直流电，为接驳盒及观测设备供电，海底观测网进入正常模式，各种水下观测设备开始工作。

设岸基站供电设备启动电压为 U_{S}，电容电压为 $u_{C_1}(t)$，时间常数为 $i=R_2C_1$，高压触发二极管的导通电压为 V_{BO}，则启动电路的模型为

$$u_{C_1}(t)=U_{\mathrm{S}}\left(1-\mathrm{e}^{-\frac{t}{\tau}}\right) \tag{5.1}$$

$$u_{C_1}(t)\leqslant V_{\mathrm{BO}} \tag{5.2}$$

联立式(5.1)、式(5.2)，可求得分支单元的启动时间 T 为

$$T=\tau\cdot\ln\left(\frac{U_{\mathrm{S}}}{U_{\mathrm{S}}-V_{\mathrm{BO}}}\right) \tag{5.3}$$

由式(5.3)可知，分支单元启动电路的启动时间取决于充电电容、电阻和高压触发二极管的触发电压。

单通路分支单元的启动电路左右对称分布，保证从分支单元主缆的任何一端加载启动电压，分支单元都能实现自启动。利用二极管 D_3、D_9 的单向导电性，保证启动电路仅在海底观测网启动过程下工作。分压电阻 R_2、R_4 一方面起到限流作用，防止电容放电瞬间电流超过继电器最大驱动电流，烧坏继电器线圈；另一方面起到分压作用，保证启动过程中分支单元主缆的电压稳定，能够对下一级分支单元的电容充电并触发高压二极管导通。由于接驳盒 DC/DC 变换器的启动电压为 −6kV，启动过程中，岸基站输出正电压，接驳盒 DC/DC 变换器不工作，单通路分支单元的二极管 D_6、D_{12} 起着限定电流方向的作用，保护接驳盒 DC/DC 变换器免受启动电流冲击，限定接驳盒只能工作于−10kV 输电电压的正常模式，提高其可靠性。

2. 三通路分支单元启动电路

三通路分支单元适用于分支节点，本身并不带负载，即不与接驳盒相连，在海底观测网中主要用于改变主干网络的拓扑结构，实现子网的接入，是海底观测网组网扩容的枢纽，对于构建具有复杂拓扑结构的大型海底观测网具有重要的作用。根据海底观测网供电系统对分支节点的设计要求，三通路分支单元的启动电路原理图如图 5.3 所示，它的三个端口全部连接主缆。

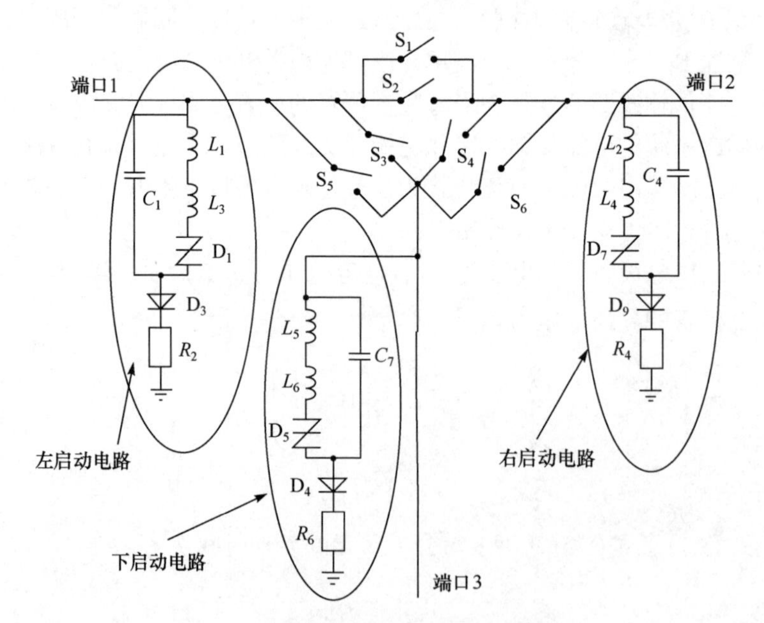

图 5.3　三通路分支单元启动电路原理图

从图 5.3 可见，三通路分支单元的三个端口分别有启动电路，3 个启动电路可以保证启动电压从任何一端加载，分支单元的 6 个继电器都能分成 3 组有序的闭合，形成 3 条主缆输电通路，完成三通路分支单元内部的自启动。启动电路的工作原理与单通路分支单元启动电路基本一致，在此不再赘述。

5.2.2 启动过程仿真实验

海底观测网正常运行前，需要在启动过程中将每个分支单元和接驳盒依次连接起来，为电能分配传输做好准备。本小节先介绍单个分支单元的自启动时序仿真，再介绍在典型拓扑结构下多个分支单元级联的启动过程时序仿真。选用 NI 公司功能强大的电子电路仿真软件 Multisim12 作为仿真平台。

1. 单通路分支单元自启动过程仿真试验

由于在启动过程中，岸基站供电设备输出正电压，接驳盒的 DC/DC 电压变换器不工作，因此单通路分支单元支路电缆无负载，可以视为开路。单通路分支单元的 Multisim 仿真原理图如图 5.4 所示，其中 $C_1 = C_4 = 220\mu F$， $R_2 = R_4 = 1k\Omega$，启动电压 $U_S = 250V$，高压触发二极管的导通电压 $V_{BO} = 184V$。

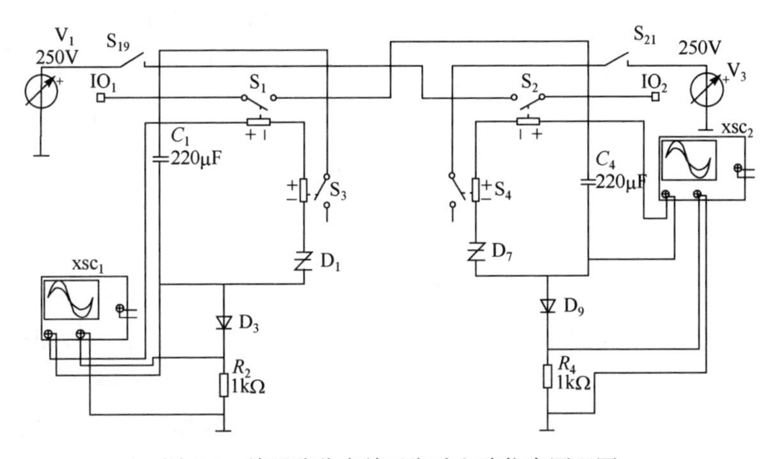

图 5.4　单通路分支单元启动电路仿真原理图

岸基站电源位于分支单元左侧，示波器 XSC_1 测量电容 C_1、电压 U_{C_1} 和分压电阻 R_2、电压 U_{R_2}，示波器 XSC_2 测量电容 C_4、电压 U_{C_4} 和分压电阻 R_4、两端电压 U_{R_4}。单通路分支单元启动电路时序仿真图如图 5.5 所示。单通路分支单元启动电路仿真参数如表 5.1 所示。将图 5.4 中的参数代入式(5.3)可得分支单元启动时间为 $T \approx 293ms$，与表 5.1 中左启动电路电容放电时刻 T_2 非常接近，表明理论计算结果与仿真结果基本一致。

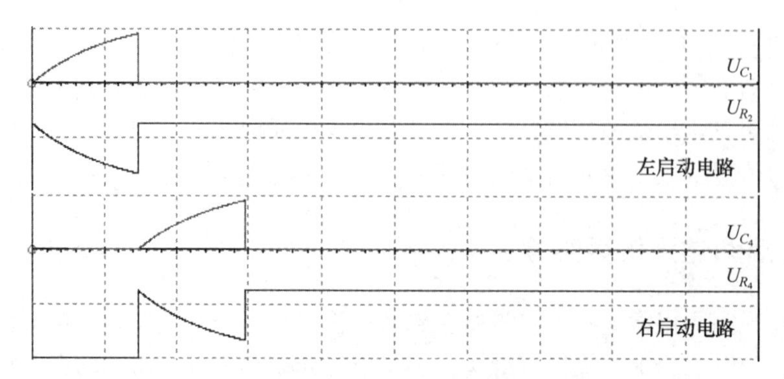

图 5.5　单通路分支单元启动电路仿真时序图

横纵坐标每格表示 200ms

表 5.1　单通路分支单元启动仿真参数

电路	电容充电起始时刻 T_1/ms	电容放电时刻 T_2/ms	电容充电时间 ΔT/ms	最终充电电压/V	分压电阻最终电压/V
左启动电路	0	295.5	295.5	183.5	248.5
右启动电路	295.5	590.9	295.4	183.7	248.5

t=0 时刻，岸基站输出启动电压，左启动电路电容 C_1 开始充电，U_{C_1} 从 0V 增加；由于电容 C_1 和电阻 R_2 串联，二者电压之和为启动电压 250V，所以 U_{R_2} 从 250V 慢慢下降，U_{C_1} 的增幅和 U_{R_2} 的降幅一样。$t=T_2$=295.5ms 时，U_{C_1} 达到高压触发二极管 D_1 的导通电压 183V，D_1 导通，C_1 放电，电流流过继电器 S_1、S_3 的置位线圈，继电器 S_1、S_3 闭合；U_{C_1} 迅速降为 0V，此时 U_{R_2} 迅速增至 247V，近似于启动电压。至此，左启动电路自启动完成，见图 5.5。

S_1 闭合后，启动电压传输到右启动电路，电容 C_4 开始充电。此时的时刻为 $t=T_1$=295.5ms，$T_1=T_2$，说明在 S_1 闭合后，右启动电路才开始工作，符合时序逻辑。右启动电路的充放电过程与左启动电路完全一致。当 $t=T_2$=590.9ms 时，U_{C_4} 达到 D_7 的导通电压，C_4 放电，继电器 S_2、S_4 闭合。至此，单通路分支单元的自启动完成，见图 5.5。

当岸基站位于分支单元右侧时，启动过程与左侧供电一样，只是左右启动电路的启动顺序颠倒了。可见，单通路分支单元启动电路的对称电路结构设计，使得任何一侧供电，启动过程都能正常进行。三通路分支单元自启动原理与单通路分支单元一致，其仿真实验过程在此不再赘述。

2. 环形拓扑海底观测网启动过程仿真试验

多分支单元环形拓扑结构左端启动如图 5.6 所示，可知分支单元 1、分支单元 3、分支单元 4、分支单元 5 为单通路分支单元，分支单元 2 为三通路分支单元。岸基站位于观测网的左侧。

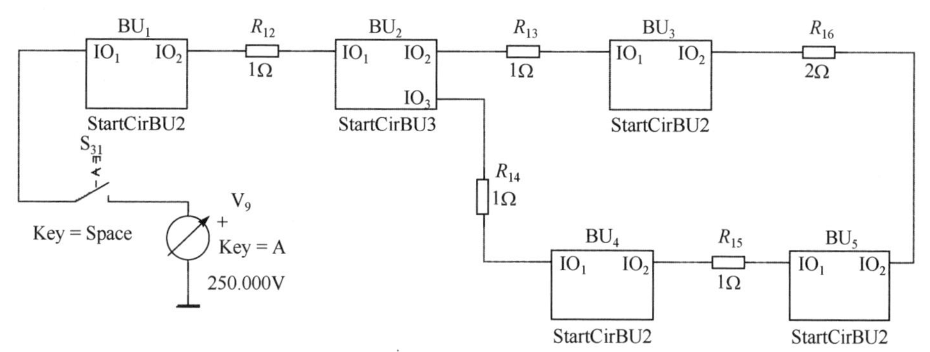

图 5.6 多分支单元环形拓扑结构左端启动

BU：分支单元

环形拓扑结构海底观测网供电启动过程的仿真时序图如图 5.7 所示，仿真参数如表 5.2 所示。

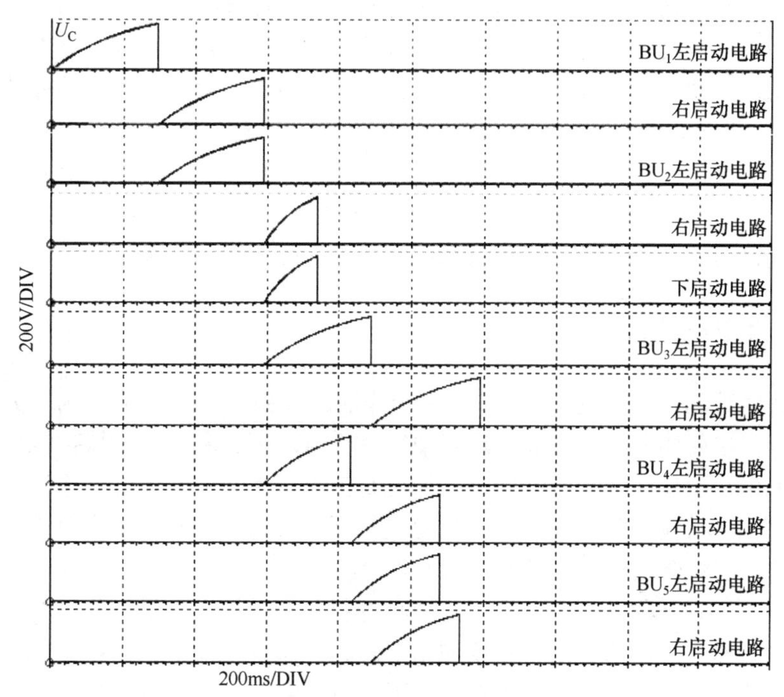

图 5.7 环形拓扑结构左端启动仿真时序图

表 5.2　环形拓扑结构左端启动过程仿真参数

电路	电容充电起始时刻 T_1/ms	电容放电时刻 T_2/ms	电容充电时间 ΔT/ms	最终充电电压/V	分压电阻最终电压/V
分支单元 1 左启动电路	0	294.8	294.8	183.9	248.5
分支单元 1 右启动电路	295.4	590.1	294.7	183.7	248.5
分支单元 2 左启动电路	294.8	590.5	295.7	183.7	247.3
分支单元 2 右启动电路	590.5	738.8	148.3	183.5	247.5
分支单元 2 下启动电路	590.5	738.7	148.2	183.8	247.5
分支单元 3 左启动电路	590.5	888.7	298.2	183.8	245.7
分支单元 3 右启动电路	888.7	1190.9	302.2	183.9	245.6
分支单元 4 左启动电路	590.1	833.6	243.5	183.9	246.2
分支单元 4 右启动电路	833.8	1080.5	246.3	183.8	245.9
分支单元 5 左启动电路	833.6	1080.9	246.3	183.9	245.8
分支单元 5 右启动电路	888.7	1135.9	247.2	183.7	245.4

环形拓扑结构的分支单元 5 右启动电路是最后一个闭合的，由于是封闭环形，分支单元 5 右启动电路和供电网络连接有两条路径可选：一条是经分支单元 5 左启动电路的 S_1；另一条是经分支单元 3 左启动电路 S_1 与主缆 R_{16}。分支单元 5 右启动电路的启动开始时刻，取决于两条路径的继电器闭合时刻较早的那条路径。表 5.2 中，分支单元 3 左启动电路继电器闭合的时刻为 888.7ms，分支单元 5 左启动电路继电器闭合时刻为 1080.9ms，分支单元 5 右启动电路的充电开始时刻为 888.7ms。所以分支单元 5 右启动电路与分支单元 3 右启动电路都是在分支单元 3 左启动电路启动过程结束后，同时开始启动的。图 5.7 的时序关系印证了这一点。

5.2.3　供电电路设计

在海底观测网建设过程中，分支单元和海缆一起铺设在海底，为了方便海上作业，分支单元体积小，内部不具有中压-低压 DC/DC 变换器，从−10kV 输电电压中提取出分支单元控制系统所需的低压直流电，是分支单元控制系统设计的关键技术之一。借鉴加拿大 NEPTUNE 分支单元的设计经验，采用在分支单元主缆中串联稳压二极管的方案为控制系统供电[8]。

稳压二极管又称齐纳二极管，是一种硅材料制成的面接触型晶体二极管。稳压二极管工作在反向击穿区，在反向击穿时，一定的电流范围内稳压二极管的端电压几乎不变，表现出稳压特性[9]。稳压二极管的正向伏安特性与普通二极管一致。当外加反向电压超过稳压二极管临界击穿电压时，稳压二极管由截止转为导通，此时的电流为最小稳压电流 I_{Zmin}，形成的电压为稳压电压 U_Z。进入反向击穿区，随着电流的继续增加，电压的变化却很小，即所谓的稳压特性，但如果反向电流超过稳压二极管的最大稳压电流 I_{Zmax}，稳压二极管会因为热击穿而烧毁。当反向电流在 I_{Zmin} 和 I_{Zmax} 范围之间变化时，稳压二极管电压稳定在一个固定值 U_Z，且此稳压特性可逆，即去掉反向电压(或撤销反向电流)，稳压二极管又恢复正常。利用其反向击穿后的稳压特性，稳压二极管主要作为稳压器或电压基准元件使用，等效为理想电压源和电阻的串联。

海底观测网演示试验系统最大传输功率为 1000W，意味着主缆上电流最大为 1A，选用的继电器的线圈额定驱动电压是 12V，综合考虑供电电压、稳压电流、额定功率，采用 4 只 1N5338B 稳压二极管串联在分支单元主缆线路上为控制系统供电，输出 11～13V 电压，经 DC/DC 电源隔离模块转换为稳定的 12VDC 电压，作为分支单元控制系统的供电电源，供电电路如图 5.8 所示。4 只稳压二极管采用反向串联的方式，保证稳压电压值不受主缆电流方向的影响。但稳压二极管输出电压极性根据主缆电流方向而变化，由于 DC/DC 电源隔离模块输入端有正负之分，所以在稳压二极管电压输出端加上桥式整流电路。

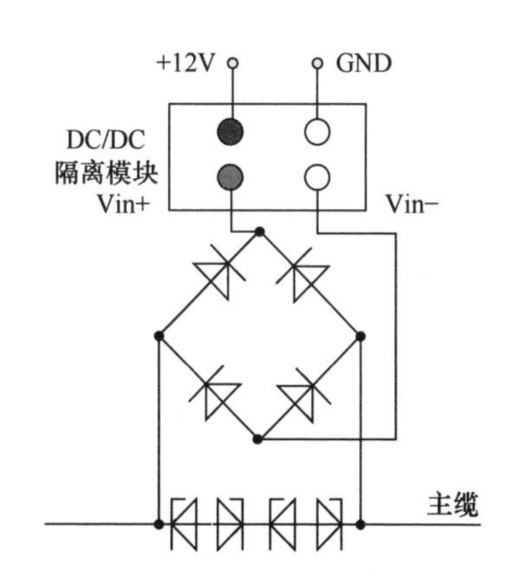

图 5.8　控制系统供电电路

5.2.4　继电器控制电路设计

根据设计要求，分支单元的继电器需要在不同的工作阶段分别实现闭合、断开机械动作，必须选用双线圈继电器，两个线圈分别控制其通断。为了降低分支单元的功耗，选用双线圈自锁磁保持继电器，线圈额定电压为 12V，额定动作电流为 16.7mA，额定功率为 200mW。

继电器置位线圈在启动电路中，利用电容充放电原理实现继电器的闭合；复位线圈在控制系统电路中，由微控制器控制继电器的断开。由于微控制器 IO 端口驱动能力有限，控制信号需要经驱动器放大，才能实现继电器的可靠动作。设计电路时可以选用 ULN2803 作为驱动芯片，ULN2803 是 8 路 NPN 达林顿晶体管阵列，集电极开路反向输出，最大驱动电流可达 500mA，用于连接数字逻辑电路和大电流负载的执行器。继电器的复位线圈正端接 12V 隔离电源电压，负端接 ULN2803 的输出管脚，由 ATMEGA16A 的 IO 引脚控制 ULN2803 对应的输入端，通过 ULN2803 驱动复位线圈断开继电器。

5.3 分支单元故障隔离方法

5.3.1 海缆故障模型

在海底观测网的长期运行过程中，人类的海洋渔业活动、航运活动以及海底地质运动，难免会对埋入海底的海缆造成破坏。海缆故障是海底观测网较为常见的故障，即海缆保护套和绝缘皮破损，内部导体与海水接触形成的故障[10-11]。对直流恒压输电方式的海底观测网来说，海缆故障也是较为严重的故障，如果不及时对故障进行处理，会导致海底观测网瘫痪。根据故障海缆的位置不同，海缆故障分为主缆故障和支缆故障，故障模型如图 5.9 所示。

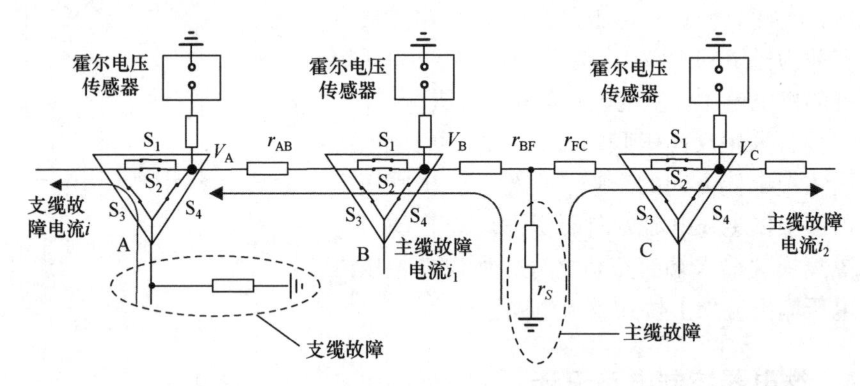

图 5.9 海缆故障模型(见书后彩图)

主缆故障发生在连接分支单元之间的主缆，是构成海底观测网输电网络的骨干线路。支缆故障发生在单通路分支单元与接驳盒连接的支缆。这两类故障的接驳盒内部的控制系统无法检测隔离。由于分支单元内部没有与岸基站通信的模块，岸基站 PMACS 系统无法获取分支单元的节点电压、支缆电流数据，岸基站 PMACS 系统只能利用接驳盒的电流电压值通过状态估计算法估算出故障点的位置并报警[12]。只有通过分支单元在海底观测网的故障识别隔离模式下，才能检测并隔离海缆故障。

发生故障后，岸基站的 PMACS 检测到电流值超限，进入故障识别隔离模式。分支单元微控制器利用测量电路提供的信息，根据故障识别隔离算法，对海缆故障部分实现隔离。

5.3.2 故障隔离算法

单通路分支单元连接主缆和支缆，因此单通路分支单元需要识别隔离主缆故障和支缆故障；三通路分支单元只连接主缆，因此三通路分支单元需要识别隔离主缆故障。

1. 单通路分支单元故障识别隔离算法

设单通路分支单元主缆故障、支缆故障模型如图 5.9 所示。故障识别隔离模式下，岸基站输出–500～–100V 电压，由于接驳盒 DC/DC 变换器的启动电压是–6kV，所以 DC/DC 变换器未启动，观测设备不工作。根据图 5.9 可知，只有发生支缆故障时，故障处的分支单元才能检测到支缆电流。考虑到接驳盒 DC/DC 变换器内部的电容充放电及漏电流，设支缆电流判断阈值为 I_{th}，支缆电流大于 I_{th} 时，认为存在支缆故障，断开继电器 S_3、S_4，隔离支缆故障；支缆电流小于 I_{th} 时，认为无支缆故障。

主缆故障点位于分支单元 B、C 之间，岸基站位于网络的两端，图 5.9 所示 A、B 两个节点处传感器测得的节点电压分别为

$$V_B = -(i_1 + i_2)\cdot r_s - i_1 \cdot r_{BF} - U_{ZD} \tag{5.4}$$

$$V_A = -(i_1 + i_2)\cdot r_s - i_1 \cdot r_{BF} - i_1 \cdot r_{AB} - 2\cdot U_{ZD} \tag{5.5}$$

式中，U_{ZD} 为分支单元电路中稳压二极管的稳压值；r_s 为故障接地等效电阻；r_{BF} 为故障点距离分支单元 B 的等效电阻；r_{AB} 为分支单元 A、B 间的等效电阻；i_1、i_2 为主缆故障电流。由式(5.4)、式(5.5)可知 A、B 两个点的电压值。分支单元的微控制器根据测得的节点电压值计算出延迟时间，延迟时间结束后，微控制器驱动复位线圈 O_1、O_2，断开分支单元主缆继电器 S_1、S_2。分支单元 B 先于分支单元 A 断开主缆开关，将主缆故障隔离。故障隔离后，主缆上没有故障电流，分支单元 A 的微控制器停止工作。距离故障点最近的分支单元 B 率先隔离主缆故障。

在分支单元 B 的内部，继电器 S_3、S_4 保持闭合，利用二极管的单向导电性，保证主缆故障点无法通过 S_3-S_4 支路与隔离后的输电网络主缆相连。分支单元 B 挂载的接驳盒通过 S_3 支路与左侧主干缆输电网络相连，仍然可以正常工作，最大限度地降低故障隔离造成的设备损失。主缆故障点右侧的分支单元 C 也采用同样的原理隔离故障，实现了主缆故障的最优化隔离策略。单通路分支单元故障识别隔离算法如表 5.3 所示。

表 5.3 单通路分支单元故障识别隔离算法

支缆电流 i/mA	故障类型	隔离方法
$I_{th} > i > 0$	主缆故障	根据节点电压延时后断开主缆继电器 S_1、S_2
$i > I_{th}$	支缆故障	立即断开支缆继电器 S_3、S_4

2. 三通路分支单元故障识别隔离算法

三通路分支单元故障隔离模型如图 5.10 所示，分支单元 2 为三通路分支单元。每个分支单元的启动电路和微控制器（micro controller unit，MCU）控制电路都没有在图 5.10 中标出。

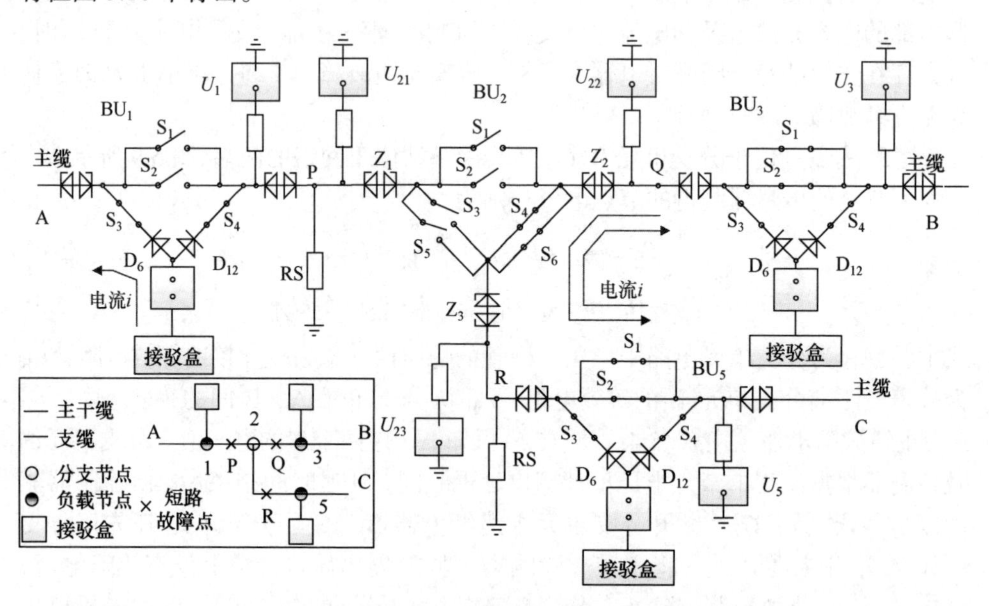

图 5.10 三通路分支单元故障隔离模型(见书后彩图)

假设在图 5.10 的主缆 P 点处发生海缆故障，在系统进入故障隔离模式后，在故障点 P 左侧，根据单通路分支单元故障隔离算法，分支单元 1 的主缆继电器 S_1、S_2 断开，A 侧主干网络与故障点隔离。在故障点 P 右侧，由于 P-Q-B 主缆线路和 P-R-C 主缆线路上都有短路电流流过，所以分支单元 2 内部的稳压二极管 Z_1、Z_2、Z_3 都产生相同的压降 U_Z，则分支单元 2 的端口电位 V_P、V_Q、V_R 之间的相互关系为

$$V_Q = V_R = V_P - 2U_Z \tag{5.6}$$

V_P、V_Q、V_R之间的大小关系为

$$|V_P|<|V_Q|=|V_R| \tag{5.7}$$

因此 3 个电压传感器测得的相应端口电压的测量值 U_{21}、U_{22}、U_{23}之间的关系满足：

$$|U_{21}|<|U_{22}|=|U_{23}| \tag{5.8}$$

由式(5.7)、式(5.8)可知，三通路分支单元 2 的 3 个电压传感器的端口电压测量值不同，且测量值的大小与故障点位置有关。MCU 比较采集到的电压测量值，按照表 5.4 的隔离算法进行最优化隔离。根据假设，$|U_{21}|$最小，MCU 据此可以判定主缆故障在端口 P，MCU 驱动复位线圈 O_1、O_2、O_3、O_5，断开继电器 S_1、S_2、S_3、S_5，继电器 S_4、S_6仍然保持闭合，海底观测网分为 2 个独立运行的子网。故障隔离后进入正常模式，B-C 段主缆可以双向传输电能，如图 5.10 红色实线所示，B-C 主缆上挂载的接驳盒及观测设备可以正常运行，A 段主缆上挂载的接驳盒及观测设备也可以正常运行。同理，可以分析 Q 点、R 点出现短路故障的情况。由此可见，三通路分支单元实现了最小范围隔离故障的设计要求。

表 5.4　三通路分支单元故障隔离算法

最小端口电压	短路故障点位置	断开的继电器	保持闭合的继电器	保持连接的线路
U_{21}	P	S_1、S_2、S_3、S_5	S_4、S_6	B-C
U_{22}	Q	S_1、S_2、S_4、S_6	S_3、S_5	A-C
U_{23}	R	S_3、S_5、S_4、S_6	S_1、S_2	A-B

再考虑一种极端情况：二次海缆故障。假设在 P 点的故障隔离进入正常模式后，R 点又发生了海缆故障，系统再次进入故障隔离模式。由于$V_Q = V_R - 2U_Z$，所以$|V_R|<|V_Q|$，因此电压测量模块的测量值$|U_{23}|<|U_{22}|$，MCU 判定 R 处短路，断开 S_3、S_4、S_5、S_6。在分支单元 5 内部，则根据单通路分支单元故障隔离算法，断开主缆继电器 S_1、S_2。这样，两个故障被完全隔离。由上述分析可知，配合故障隔离算法，三通路分支单元可以完全满足海底观测网对于分支节点海缆故障隔离的要求。

5.3.3　故障隔离试验

故障识别隔离模式下分支单元接线图如图 5.11 所示，在主缆端子和海地之间接入 1kΩ 电阻 R_m模拟主缆故障等效电阻，在支缆端子和海地之间接入 1kΩ 电阻 R_b模拟支缆故障等效电阻，岸基站输出−500～−200V 电压，支缆故障电流、主缆故障电流方向如图 5.11 红色箭头所示。当单通路分支单元连接的海缆同时发生支

缆故障和主缆故障时，分支单元控制系统首先识别和隔离支缆故障，断开继电器 S_3、S_4。由于此时稳压二极管上仍有主缆故障电流流过，供电电路仍然输出 12V 直流电压，分支单元控制系统识别和隔离主缆故障，断开继电器 S_1、S_2，海缆故障完全隔离，分支单元控制系统停止工作。

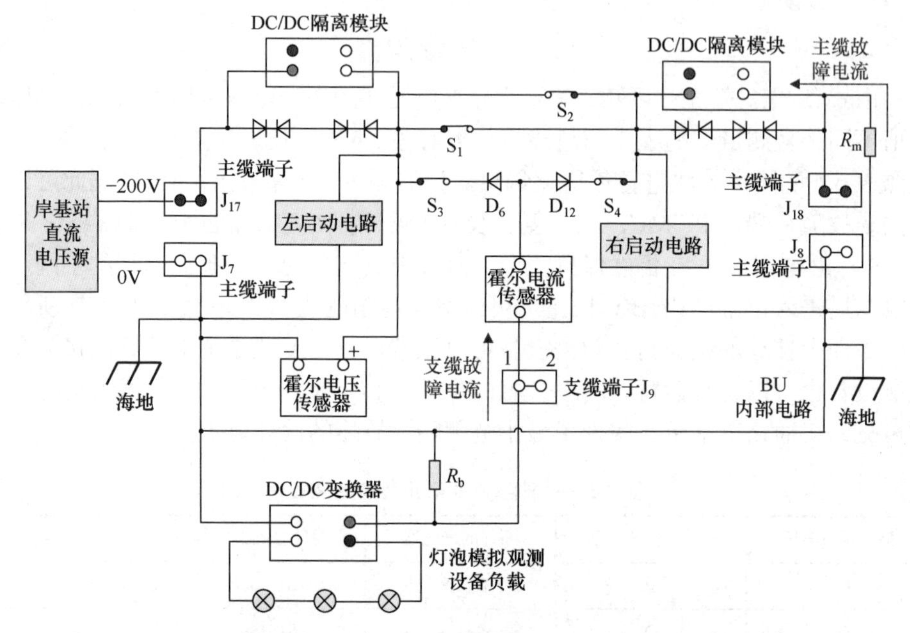

图 5.11　单通路分支单元故障识别隔离模式接线图(见书后彩图)

反复试验表明，故障识别隔离模式下，分支单元供电电路输出电压稳定，控制系统能够依次辨别出支缆故障、主缆故障。根据相应的故障隔离算法分别断开支缆继电器 S_3、S_4 和主缆继电器 S_1、S_2，实现海缆故障的有效识别和可靠隔离。

5.4　分支单元展望

分支单元是海底观测网重要的组成部分，对于海底观测网维护维修至关重要，对于支撑海底观测网 25 年的连续运行(90%的时间内 90%的设备正常运行)亦十分重要。并且，分支单元技术水平是海底观测网技术发展水平的重要量度依据，但分子单元技术实现难度较高，这对分支单元的可靠性、智能性均提出了更高的要求。

参 考 文 献

[1] 王希晨, 周学军, 樊诚. 基于电能分支单元的海底光缆远程供电系统[J]. 光纤与电缆及其应用技术, 2011(6): 37-41.

[2] 魏澎. 海缆分支单元设备应用探讨[J]. 电信工程技术与标准化, 2016, 29(5): 49-52.

[3] 冯迎宾, 李智刚, 何震. 用于海底观测网系统的分支单元装置及海缆故障隔离方法：201510665879.6[P]. 2017-04-26.

[4] 潘立雪. 海底观测网分支单元的研究与设计[D]. 沈阳: 中国科学院沈阳自动化研究所, 2015: 24-30.

[5] 樊诚, 周学军, 禹华钢. 海底观测网连通可靠性分析[J]. 光通信研究, 2012(6): 39-41.

[6] Asakawa K, Kojima J, Muramatsu J, et al. Novel current to current converter for mesh-like scientific underwater cable network-concept and preliminary test result[C]//OCEANS, 2003: 1868-1873.

[7] Kawaguchi K, Kaneda Y, Araki E. The DONET: A real-time seafloor research infrastructure for the precise earthquake and tsunami monitoring[C]//OCEANS, 2008: 1-4.

[8] Broadfoot A L, Atreya S K, Bertaux J L, et al. Ultraviolet spectrometer observations of Neptune and Triton[J]. Science, 1989, 246(4936): 1459-1466.

[9] 牛铁霞, 宋吉江. 稳压二极管的应用[J]. 家庭电子, 1998(6): 58.

[10] 李明春, 蒋贵明. 海缆故障定位分析[J]. 无线电通信技术, 1998(6): 49-51.

[11] 张晓, 周学军, 周媛媛, 等. 水下单元故障对海缆恒流远供系统可靠性的影响[J]. 光纤与电缆及其应用技术, 2015(5): 36-39.

[12] 钟献盛, 张士魁. 海底通信电缆故障的遥测研究[J]. 光纤与电缆及其应用技术, 1989(6): 7-11.

6 海底观测网故障诊断

6.1 故障诊断概述

海底观测网对海洋的观测摆脱了电池寿命、天气和数据延迟等种种局限，研究人员还可以从陆地通过网络实时监测自己的深海实验，控制实验设备去监测风暴、地震、海啸等各种突发事件，为观测地球变化过程开辟了新的途径。接驳盒是海底观测网水下观测设备的数据交互中心和能源供给中心。接驳盒的故障诊断是观测网可靠运行的重要前提。接驳盒放置于海底，长期受海水的腐蚀、水流和微生物的等环境因素的影响，容易发生漏水、短路等故障。而作为数据通信和能源供给的载体，海缆的好坏决定了观测能否顺利进行。

海缆位于海底，具有隐蔽性和重要性，如果发生故障，如不进行及时的隔离和修复，将对海底观测网造成严重的损坏。造成海缆故障的原因很多，如：机械损伤、过电压、过电流、绝缘老化变质、设计和制造工艺不良、材料缺陷以及海水腐蚀等。根据海缆故障的统计，引起海缆故障的原因分为以下几类：

(1)捕鱼、旅游等船舶抛锚引起的海底电缆损伤。

(2)海缆防护套管和海缆之间的摩擦造成海缆绝缘层逐渐损伤。

(3)海缆交叉点、海缆接头经常发生摩擦，其电缆绝缘层发生损坏造成短路故障。

(4)海底地震、海啸对海缆形成的强拉力造成的海缆损伤。

(5)潮汐能、波浪能引起的海缆移位和摆动。

(6)海缆微生物、海水长时间在海缆表面附着对海缆的化学腐蚀。

6.2 接驳盒故障诊断技术

6.2.1 接地故障监测诊断及隔离

主接驳盒和次级接驳盒之间以及次级接驳盒和观测设备之间通过水密电缆连

接。与陆地电缆相比，水密电缆在恶劣的海洋环境下长期运行，容易造成插头松动或者绝缘层损坏，从而发生接地故障。如果绝缘层损坏或者插头松动，保护层进水，水很快会沿着护套、绝缘和线芯流动，扩大故障范围，甚至造成整条海缆报废，影响整个海底观测网的运行，引发严重的后果[1]。

本节设计了一种注入直流电的方法对每条支路的接地故障实现在线带电实时巡回检测。接地故障监测原理如图 6.1 所示，图中直流电源的负极通过一个电阻和舱体连接，正极通过继电器和每个支路相连，对每个支路循环检测。假设支路 D 出现接地故障时，通过海水形成电流回路，电阻中有电流流过，通过检测电阻两端的电压判断接地故障。当发现某支路出现接地故障时，通过继电器将该支路隔离，防止影响整个供电系统。

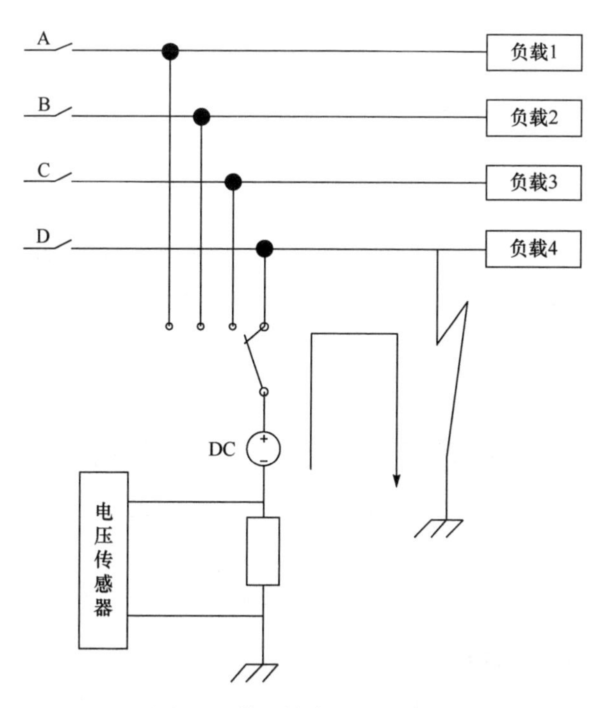

图 6.1 接地故障监测电路图

绝缘电阻是电气设备和电气线路最基本的绝缘指标。低压电器及其连接电缆和二次回路的绝缘电阻一般不应低于 1MΩ，在比较潮湿的环境不应低于 0.5MΩ。针对长期在海底运行的水密电缆设计的接地故障监测电路如图 6.2 所示，CON 端子与水密电缆相连接，PE 端子接电子舱体的外壳，通过测量 R_3 两端的电压来计算水密电缆的绝缘电阻值。电阻 R_1 与 R_5 为限流电阻，如果水密电缆绝缘层彻底损坏，缆芯暴露在海水中或者插头与海水接触形成短路，由于 R_1 和 R_5 的限流作用，保证设备不被损坏。主接驳盒和次级接驳盒直接水密电缆输送的电压是 375V，对于运行中的设备和线路，绝缘电阻不应低于每千伏 1MΩ，所以水密电缆的绝缘电阻值至少在 400kΩ 以上，R_2 和 R_4 使监测电路能以低精度监测大于 500kΩ 的绝缘电阻值，也能够高精度监测小于 500kΩ 的绝缘电阻值。

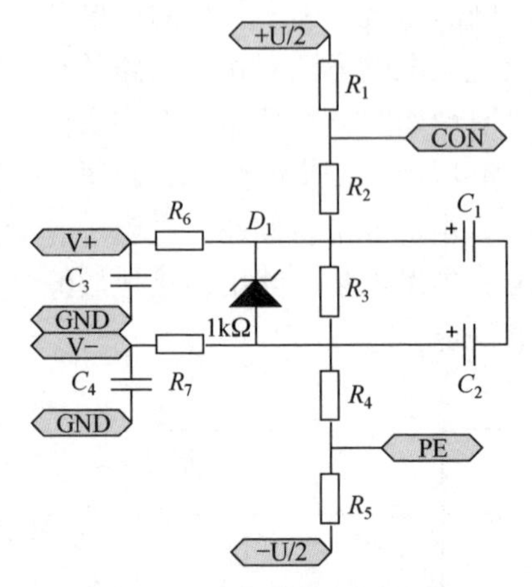

图 6.2 接地故障监测电路

取 R_1=R_5，R_2=R_4，设水密电缆的绝缘电阻值为 R_x，R_3 两端的电压为 U_0：

$$U_0 = \frac{R_3}{2\times R_2 + R_3} \times \frac{R_x//(2\times R_2 + R_3)}{R_x//(2\times R_2 + R_3) + 2\times R_1} \times U \quad (6.1)$$

整理得

$$R_x = \frac{U_0 \times (2\times R_2 + R_3)\times 2\times R_1}{U\times R_3 - U_0\times(2\times R_1 + 2\times R_2 + R_3)} \quad (6.2)$$

取 U=24V，R_1=R_5=1MΩ，R_2=R_3=100kΩ，R_3=30kΩ，则

$$R_x = \frac{46000\times U_0}{72 - 223\times U_0} \quad (6.3)$$

6.2.2 漏水监测及报警

供电监控系统硬件电路存在于海底接驳盒控制舱内，它可靠运行的前提条件是海底接驳盒内部环境的稳定。在恶劣海底环境下，密封性能是首先考虑的关键问题。深海海底的高压、腐蚀等恶劣条件对海底接驳盒的密封技术提出了严峻挑战。海洋装备普遍采用的密封形式，除了可湿插拔配对接头外，各个工作舱体与端盖之间、端盖与水密接头之间都能采用 O 形密封圈密封[2]。O 形密封圈长期处于恶劣的海底环境，可能出现材料特性改变、蠕变、腐蚀等情况，导致密封性能下降，甚至可能失去密封功能发生漏水；另外，在对舱体的装配、调试、实验等过程中，由于疏忽，可能会出现 O 形密封圈受损的情况。一旦有漏水情况发生，

整个舱体轻则停运检修，重则报废[3-4]。因此，对于海底接驳盒各个舱体进行漏水监测不管是对于系统的调试还是长期稳定可靠运行都是十分必要的。

海底接驳盒工作在深海海底，为了承受高压，舱体壁很厚，供电监控系统硬件电路都封装在密封舱体内，散热条件很差。而海底接驳盒的功率可达到 10kW，电压转换装置、供电监控系统以及光电交换机等都有发热，尤其是电压转换装置，发热十分严重，除了要进行合理的散热设计之外，对海底接驳盒各舱体内部的温度监测也是十分必要的。通过对海底接驳盒各舱体内的温度监测可以从另一个角度了解海底观测网的工作状态和运行环境。通过多点温度监测可以更加清楚地认识整个系统的散热情况，有助于进一步优化系统设计，改善散热条件，提高海底观测网的可靠性和使用寿命[5]。

漏水监测电路原理如图 6.3 所示。漏水监测模块包括 24V 直流电源、电阻 R_1 和 R_2、电压传感器、漏水监测端口 A 和 B。漏水监测端口紧贴舱体内壁与端盖交接处。在无漏水情况时监测端口 A 和 B 是断开的，此时电压传感器监测到的电压值为 0V。当有漏水情况时，监测端口 A 和 B 之间通过海水形成通路，电压传感器监测到 R_1 两端的电压值，监测值通过 RC 低通滤波电路输入到模拟量采集端口。当系统监测到漏水情况时，迅速切断相关的供电回路，同时向岸基站上位机报警，减缓舱体内部设备的损坏，防止对整个海底观测网产生影响和破坏。

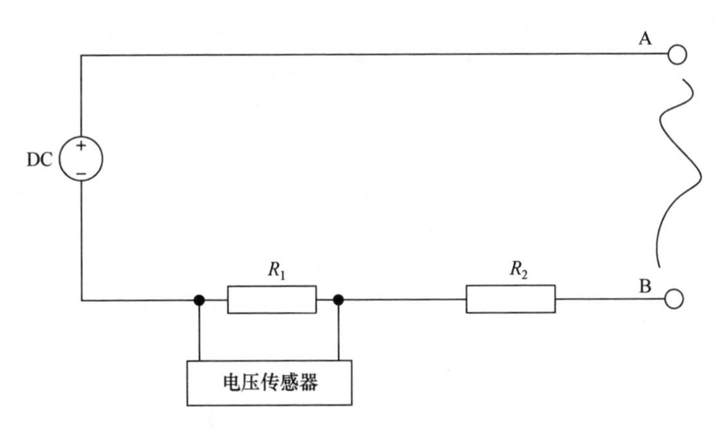

图 6.3 漏水监测电路原理

6.2.3 电压、电流监测及隔离

1. 电压、电流监测

在各种控制系统自动监测中，常常需要对快速变化的交直流电压、电流信号进行跟踪采集。这类信号可能是大电流、高压等强电，也可能是幅值很小的信号，或是负载能力很差的弱电。它们的共同特点是不宜与计算机类的系统直接相接，

防止它们相互干扰，或是因信号太强、太弱，难于与计算机匹配。

电量隔离传感器监测原理主要有霍尔效应、光电隔离和电磁隔离三种。霍尔效应型的传感器基于霍尔效应原理采用电-磁-电隔离转换方式来测量大电流。其特点是功耗低、可靠性高、过载能力强、耐冲击，主要用于测量交直流输入的大电流。光电隔离型传感器采用光电隔离放大和线性补偿的原理，以光电元件作为传感器的监测元件，首先将被测量信号转换成光信号，然后进一步把光信号转换成电信号。其特点是响应快、精度高、频响宽，适用于对速度和精度都有较高要求的场合。电磁隔离的传感器采用电流互感器、电压互感器等组合实现隔离变换。其特点是精度高、功耗低，主要用于测量工频至中频段的交流电流、电压[6-7]。

海底供电监控系统中涉及的都是直流电压电流，监测首先要满足实时性，同时要满足精度要求。主接驳盒电压正常值为 375V，次级接驳盒输出电压为 24V，浮动很小，输出电流的范围都在 0～5A，采用光电隔离传感器对其进行测量。

2. 过流、过压故障隔离方法

过流故障是接驳盒频繁出现的故障，造成过流故障的原因如下：观测设备输入阻抗呈容性，在启动过程的浪涌电流一般为额定电流的 4～7 倍；观测设备出现短路故障，造成电流增大；海缆出现短路故障，产生漏电流，造成接驳盒输出电流增大。

针对容性阻抗设备浪涌电流过大的现象，可采用在负载输入端串联热敏电阻或限流电阻和旁路开关来抑制电流瞬间过大，原理图如图 6.4 所示。热敏电阻按照温度系数不同分为正温度系数热敏电阻和负温度系数热敏电阻，这里选用负温度系数热敏电阻。负温度系数热敏电阻随着温度的升高电阻降低，利用这一特性，在系统启动过程中，由于温度低，热敏电阻阻抗高，起到了限流的作用。随着启动过程的结束，温度升高，热敏电阻阻抗降低，不影响观测仪器正常工作。如果采用限流电阻和旁路开关的方式，在设备启动过程中，控制器打开旁路开关，使限流电阻串联到观测仪器启动电路中，当启动完毕，控制器闭合旁路开关，限流电阻短路，观测仪器正常工作。

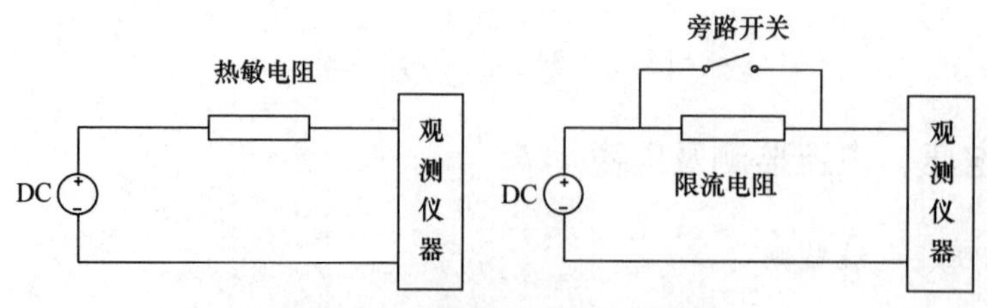

图 6.4　过流故障处理方法原理图

针对观测设备出现故障，造成电流增大，一般故障为永久性的。控制器时刻对接驳盒输出的电流进行循环监测，并设置了阈值，当检测到输出的电流超过所设置的阈值时，对过流的时间进行判断，如果确定是观测设备故障，将断开此路继电器开关，隔离故障设备[8]。

针对海缆出现短路故障，造成接驳盒输出电流增大的问题，海缆位于主接驳盒和次级接驳盒之间，采用电流输入输出相等的原理判断是不是海缆故障，如果海缆位于次级接驳盒与观测设备之间，采用功率守恒的原理判断是否出现海缆故障。可以识别出电流增大是由海缆故障造成还是观测设备故障造成。

接驳盒过压故障最容易造成观测设备损坏，因此应及时对过压故障进行隔离处理。主接驳盒一般外接几个次级接驳盒，由于直流高压变换器体积较大，主接驳盒一般只有一个电压变换器，几个次级接驳盒的输入端并联在一起。主接驳盒和次级接驳盒之间的海缆较长，如果次级接驳盒大功率负载突然停止工作，海缆的寄生电感将引起主接驳盒输出电压跳变，如果跳变巨大，将造成其他接驳盒故障。针对这种故障引起的电压跳变，只能通过在次级接驳盒输入端并联电容，降低电压跳变幅值。

接驳盒内部的电压变换器损坏也会造成过压故障，针对此种故障，借鉴过流故障的隔离方法，控制器采用循环监测的方法，如果电压异常，控制器打开继电器开关，隔离故障。

3. 故障隔离开关模块

开关模块在供电监控系统中的作用如图 6.5 所示。开关模块处于电源系统和负载系统之间，用于电能分配和异常情况的保护和隔离，是接驳盒供电监控系统进行控制与管理的基础。在海底观测网这样一个特殊环境下，开关模块所扮演的角色非常重要，具体表现为以下几个方面：电能的分配是通过开关模块对电源线路的开启和关闭实现的，能够根据岸基站命令控制各个设备的供电和断电；系统观测设备的保护者，当出现应急情况或者故障状态时，开关能够及时断开，保护后端的设备，当应急情况或者故障状态消除时，开关器件应该能够恢复到正常的通电状态。

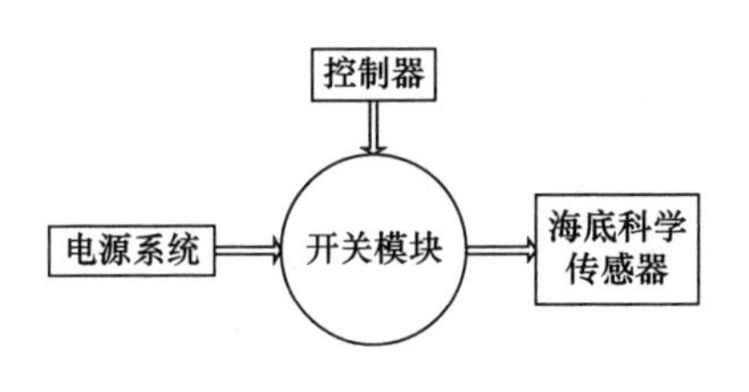

图 6.5　开关模块的作用

常用的集成开关器件主要是电磁式机械继电器(电磁继电器)和半导体集成的固态继电器。

电磁继电器作为一种电控制器件，分为控制回路(又称输入电路)和工作回路(又称输出电路)。它实际上是用较小的电压电流来控制大电流大电压，通常应用于自动控制中，起到安全保护和自动调节等作用。

电磁继电器控制是通过线圈电流产生电磁效应，电磁铁吸合衔铁，引起衔铁的位移，带动原本处于断开状态的触点动作来实现的。电磁继电器结构简单，价格便宜，由于采用电磁控制、机械形式断开，电磁继电器能实现输入与输出之间完全的电气隔离，相比半导体开关耐压值很高。但是缺点也很明显，有机械触点抖动现象，断开时有拉电弧，触点容易损坏，工作频率低，通常动作响应时间为 10ms 左右。

固态继电器(solid state relay，SSR)是一种无触点电子开关，采用混合工艺组装来实现控制回路(输入电路)与负载回路(输出电路)的电隔离及信号耦合，由固态器件实现负载的通断切换功能，内部无任何可动部件。

固态继电器是由功率半导体器件完成触点功能，没有机械零部件，不存在电磁继电器的触点电弧等问题，开关频率高，速度快。其主要缺点是：关断后仍可有数微安至数毫安的漏电流，不能实现理想的电隔离；由于管压降大，导通后的功耗和发热也大，需要专门的散热措施。这些缺点导致固态继电器在深海应用中受到较大限制。

6.3 海缆故障诊断技术

海缆故障根据电气特性和光学特性的变化可分为开路故障、高阻抗故障、低阻抗故障、光纤中断等几种类型。开路故障是指海缆中金属导体中断，但金属导体并没有接触到海水，未形成供电回路。其原因是海缆中断之后，断点和海水之间接触电阻产生高温导致海缆外部保护材料熔化形成新的保护层，使金属导体和海水绝缘，或者海缆受外力影响造成的内部损伤。故障将造成岸基站供电能力的下降。高阻抗故障是指故障点的直流电阻大于该电缆的特性阻抗的故障。其原因是海缆绝缘层轻微的破损，金属导体接触海水，在破损点产生漏电流。高阻抗故障如不及时进行修复处理，将逐渐发展成低阻抗故障，造成海底观测网供电系统瘫痪。低阻抗故障又称短路故障，是指故障点的绝缘电阻下降至该电缆的特性阻抗(即电缆本身的直流电阻值)，甚至绝缘电阻为零的故障。该故障必须及时进行隔离，否则观测系统将停止工作。光纤故障是指金属导体没有损坏，供电正常的情况下，单纯的光纤裂化或者中断的故障。其故障现象是供电正常，但数据通信中断，本章暂不考虑光纤故障的情况[9]。

由于海上活动日益频繁，海缆故障率逐年增高。海缆故障发生后，由于维修技术复杂、工程难度大，修复费用昂贵，维修周期长。海缆故障点位置能否及时、准确地探测到是影响维修效率甚至维修成败的关键。国内外大量的工程实践表明，准确探测海缆故障点在整个维修工作中占一半甚至更多的时间和费用，个别海缆因无法找到故障点而不得不放弃修复。因此，海缆故障点位置的定位技术是海缆维护的关键技术，对海底观测网的建设具有重要的意义。本章对开路故障、低阻抗故障、高阻抗故障的识别和定位方法展开详细的分析和研究。

6.3.1 海底观测网供电网络模型

海底观测网供电系统主要包括岸基站供电设备、海缆、分支单元、接驳盒等。岸基站供电设备向整个观测网提供电能；海缆是水下电能输送到接驳盒的载体，本小节不考虑分支单元与接驳盒之间的海缆故障；分支单元是主干海缆与分支海缆的交叉点，具有海缆故障隔离功能；接驳盒将传输的高压转换成低压为海洋观测仪器提供电能并具有故障检测隔离的功能。

本章基于单环网状的海底观测网输电的拓扑结构开展海缆故障相关研究的介绍，拓扑结构见图 6.6。该结构包括 2 个岸基站、11 个分支单元、9 个接驳盒，分支单元通过海缆组成网状拓扑结构。岸基站供电设备采用恒压直流电源，具有易于实现分支的优点，输出的额定电压 10kV；海缆选用国际通用的光电复合缆，额定载流量 10A，由于分析直流系统稳定的运行状态，因此海缆的阻抗只考虑电阻的影响，海缆的电阻与海缆的长度成正比，比例系数 $K = 1\Omega/\text{km}$；接驳盒处的负载选用恒功率负载模拟海洋观测仪器。

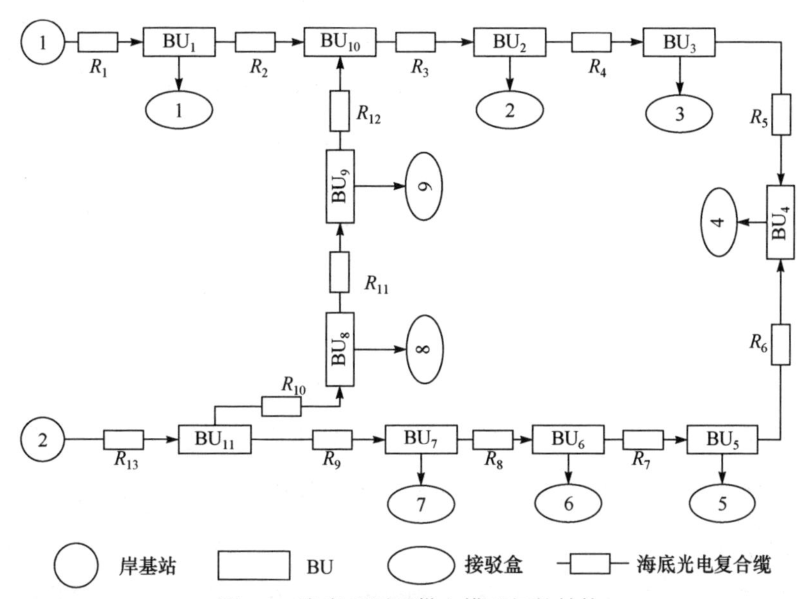

图 6.6　海底观测网供电模型拓扑结构

海缆故障的时候，R 代表海缆，因为直流供电，海缆只考虑阻抗对供电系统的影响，忽略了感抗和容抗

6.3.2 海缆开路故障

1. 故障识别

由于岸基站不能直接获得分支单元处的电压、电流值，只能利用接驳盒内测

量的电压、电流值进行状态估计。根据海底观测网的供电结构，利用基尔霍夫电压、电流定律可写出状态估计方程[10-11]：

$$\boldsymbol{Z}_{\text{means}} = \boldsymbol{H} \cdot \boldsymbol{x} + \boldsymbol{v} \tag{6.4}$$

式中，$\boldsymbol{Z}_{\text{means}}$ 为测量向量，即接驳盒的电压值、电流值；$\boldsymbol{x}$ 为状态估计向量，即分支单元处的电压值；$\boldsymbol{H}$ 为测量函数矩阵，即与供电网络结构和阻抗参数相关的常数矩阵；$\boldsymbol{v}$ 为测量误差向量，假设误差服从均值为 0、方差为 σ^2 的正态分布。

采用加权最小二乘法准则建立目标函数：

$$J(\boldsymbol{x}) = (\boldsymbol{Z}_{\text{means}} - \boldsymbol{Hx})^{\mathrm{T}} \boldsymbol{R}^{-1} (\boldsymbol{Z}_{\text{means}} - \boldsymbol{Hx}) \tag{6.5}$$

式中，$\boldsymbol{R}$ 是以 σ^2 为对角元素的测量误差方差阵。由于海底观测网电力系统为线性系统，可以对目标函数 $J(\boldsymbol{x})$ 直接求偏导数，当偏导数等于 0 时，状态估计向量 $\boldsymbol{x}$ 为最优。偏导数方程如下：

$$\frac{\partial \boldsymbol{J}(\boldsymbol{x})}{\partial \boldsymbol{x}} = -2\boldsymbol{H}^{\mathrm{T}} \boldsymbol{R}^{-1} \boldsymbol{Z}_{\text{means}} + 2\boldsymbol{H}^{\mathrm{T}} \boldsymbol{R}^{-1} \boldsymbol{Hx} \tag{6.6}$$

可得状态估计解为

$$\boldsymbol{x} = (\boldsymbol{H}^{\mathrm{T}} \boldsymbol{R}^{-1} \boldsymbol{H})^{-1} \boldsymbol{H}^{\mathrm{T}} \boldsymbol{R}^{-1} \boldsymbol{Z}_{\text{means}} \tag{6.7}$$

平均残差 $\boldsymbol{R}_{\text{mar}}$ 为所有测量向量与测量估计向量之差的平均。

$$\begin{aligned} \boldsymbol{R}_{\text{mar}} &= \frac{1}{n} \cdot \sum_{i=1}^{n} \left(\boldsymbol{z}_i - \boldsymbol{H}_i \right) \\ &= \frac{1}{n} \cdot \sum_{i=1}^{n} \left(\boldsymbol{W}_i \boldsymbol{Z}_{\text{means}} \right) \\ &= \frac{1}{n} \cdot \sum_{i=1}^{n} v_i \end{aligned} \tag{6.8}$$

式中，$\boldsymbol{W} = \boldsymbol{I} - \boldsymbol{H}\left(\boldsymbol{H}^{\mathrm{T}} \boldsymbol{R}^{-1} \boldsymbol{H}\right)^{-1} \boldsymbol{H}^{\mathrm{T}} \boldsymbol{R}^{-1}$ 为残差灵敏度矩阵，$\boldsymbol{W}_i$ 为 $\boldsymbol{W}$ 的第 i 行行向量；$\boldsymbol{Z}_{\text{means}}$ 为测量向量；$\boldsymbol{z}_i$ 为 $\boldsymbol{Z}_{\text{means}}$ 的第 i 行行向量；$\boldsymbol{H}_i$ 为测量函数矩阵 $\boldsymbol{H}$ 的第 i 行向量。在准确的网络结构下，由于传感器测量误差的均值 $\overline{v} = \frac{1}{n} \cdot \sum_{i=1}^{n} v_i = 0$ ，因此所求出的 $\boldsymbol{R}_{\text{mar}} = 0$ 。

海底观测网海缆出现开路故障，导致网络结构有变化，则测量函数向量 $\boldsymbol{H}$ 出现偏差，状态估计模型变成如下形式：

$$\begin{aligned} \boldsymbol{Z}_{\text{means}} &= \boldsymbol{H}_t \boldsymbol{x} + \boldsymbol{v} \\ &= \left(\boldsymbol{H} + \boldsymbol{B} \right) \boldsymbol{x} + \boldsymbol{v} \\ &= \boldsymbol{Hx} + \left(\boldsymbol{Bx} + \boldsymbol{v} \right) \end{aligned} \tag{6.9}$$

式中，$\boldsymbol{H}$ 是开路故障前网络结构对应的测量函数矩阵，当出现开路故障后，供电系统实际运行的网络结构对应的测量函数矩阵为 $\boldsymbol{H}_t$，而用于计算的则是矩阵 $\boldsymbol{H}$；

矩阵 $\boldsymbol{B}$ 表示 $\boldsymbol{H}_t$ 与 $\boldsymbol{H}$ 之间的差异，这里把它称为测量函数矩阵 $\boldsymbol{H}$ 的补偿矩阵；$\boldsymbol{v}$ 为测量误差向量。

式(6.9)与式(6.4)相比较，据此求得 $\boldsymbol{x}$ 的估计值 $\hat{\boldsymbol{x}}$ 和平均残差 $\boldsymbol{R}_{\mathrm{mar}}$ 如下：

$$\hat{\boldsymbol{x}} = \boldsymbol{x}_t + (\boldsymbol{H}^{\mathrm{T}}\boldsymbol{R}^{-1}\boldsymbol{H})^{-1}\boldsymbol{H}^{\mathrm{T}}\boldsymbol{R}^{-1}\left(\boldsymbol{B}\boldsymbol{x}_t + \boldsymbol{v}\right) \tag{6.10}$$

$$\begin{aligned}\boldsymbol{R}_{\mathrm{mar}} &= \frac{1}{n}\sum_{i=1}^{n}\left(\boldsymbol{z}_i - \boldsymbol{H}_i\boldsymbol{x}\right)\\ &= \frac{1}{n}\sum_{i=1}^{n}\left(\boldsymbol{W}_i\boldsymbol{Z}_{\mathrm{means}} - \boldsymbol{M}_i\boldsymbol{B}\boldsymbol{x}_t\right)\\ &= \frac{1}{n}\sum_{i=1}^{n}v_i + \frac{1}{n}\sum_{i=1}^{n}\left(-\boldsymbol{M}_i\boldsymbol{B}\boldsymbol{x}_t\right)\end{aligned} \tag{6.11}$$

式中，$\boldsymbol{x}_t$ 是状态量真值；$\boldsymbol{M} = \boldsymbol{H}(\boldsymbol{H}^{\mathrm{T}}\boldsymbol{R}^{-1}\boldsymbol{H})^{-1}\boldsymbol{H}^{\mathrm{T}}\boldsymbol{R}^{-1}$，$\boldsymbol{M}_i$ 为 $\boldsymbol{M}$ 矩阵的第 i 行行向量。由于测量函数矩阵出现偏差 $\boldsymbol{B}$，所求平均残差 $\boldsymbol{R}_{\mathrm{mar}} \neq 0$。

综上所述，可以利用平均残差 $\boldsymbol{R}_{\mathrm{mar}}$ 是否为零识别海缆是否出现开路故障。

2. 海缆开路故障区间定位方法

1)供电模型的有向图邻接矩阵

为了方便进行理论分析，按照文献[12]的方法将海底观测网供电网络模型映射成节点-支路拓扑结构，见图 6.7。为降低邻接矩阵的阶数，只将图中的岸基站和分支单元称为邻接矩阵的顶点(V_i)，连接顶点之间的阻抗称为边(a_{ij})。写出了节点-支路的邻接矩阵 $\boldsymbol{A}$。由于采用海水作为供电回路，选择海水节点⑭作为参考节点。

$$\boldsymbol{A} = \begin{bmatrix} 0&0&0&0&0&0&0&0&0&1&0&0&0\\ 0&0&1&0&0&0&0&0&0&0&0&0&0\\ 0&0&0&1&0&0&0&0&0&0&0&0&0\\ 0&0&0&0&0&0&0&0&0&0&0&0&0\\ 0&0&0&1&0&0&0&0&0&0&0&0&0\\ 0&0&0&0&1&0&0&0&0&0&0&0&0\\ 0&0&0&0&0&1&0&0&0&0&0&0&0\\ 0&0&0&0&0&0&0&0&1&0&0&0&0\\ 0&0&0&0&0&0&0&0&0&1&0&0&0\\ 0&1&0&0&0&0&0&0&0&0&0&0&0\\ 0&0&0&0&0&0&1&1&0&0&0&0&0\\ 1&0&0&0&0&0&0&0&0&0&0&0&0\\ 0&0&0&0&0&0&0&0&0&0&1&0&0 \end{bmatrix}$$

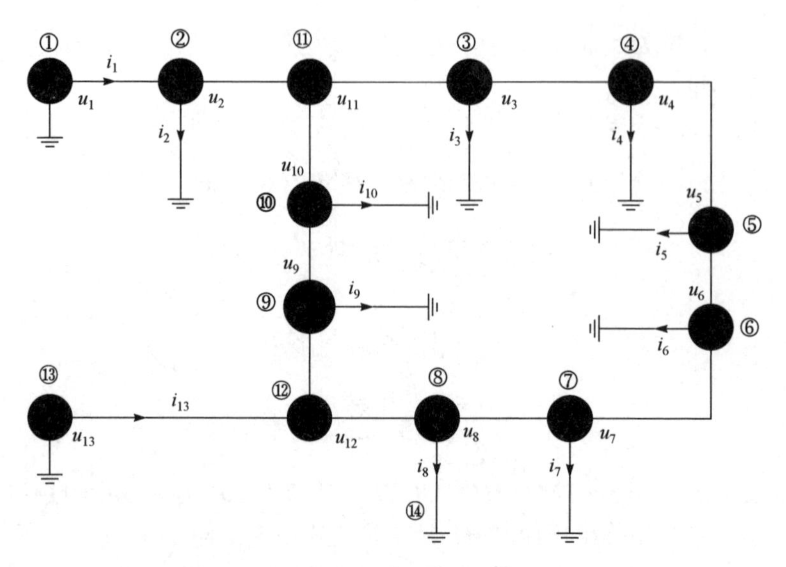

图 6.7 海底观测网供电拓扑结构

在供电模型的有向图中，某顶点 i 的出度等于图中以顶点 i 为起点的有向边的数目，可通过计算顶点邻接矩阵 $\boldsymbol{A}$ 中第 i 行的和得到每个顶点的出度，出度矩阵用 $\boldsymbol{A}_{\text{out}}$ 表示。某顶点的入度等于有向图中指向顶点 i 的有向边数目，可通过计算顶点邻接矩阵 $\boldsymbol{A}$ 中第 i 列的和得到顶点 i 的入度，入度矩阵用 $\boldsymbol{A}_{\text{in}}$ 表示。顶点的度 $\boldsymbol{A}_{\text{d}}$ 等于该顶点出度、入度之和。

$$\boldsymbol{A}_{\text{out}} = \begin{bmatrix} 1 & 1 & 1 & 0 & 1 & 1 & 1 & 1 & 1 & 1 & 2 & 1 & 1 \end{bmatrix}$$

$$\boldsymbol{A}_{\text{in}} = \begin{bmatrix} 1 & 1 & 1 & 2 & 1 & 1 & 1 & 1 & 1 & 2 & 1 & 0 & 0 \end{bmatrix}$$

$$\boldsymbol{A}_{\text{d}} = \begin{bmatrix} 2 & 2 & 2 & 2 & 2 & 2 & 2 & 2 & 2 & 3 & 3 & 1 & 1 \end{bmatrix}$$

根据 $\boldsymbol{A}_{\text{out}}(12)$、$\boldsymbol{A}_{\text{out}}(13)$、$\boldsymbol{A}_{\text{in}}(12)$、$\boldsymbol{A}_{\text{in}}(13)$的值可知，顶点 V_{12}、V_{13} 为电源点。由 $\boldsymbol{A}_{\text{d}}(10)$、$\boldsymbol{A}_{\text{d}}(11)$的值等于 3，可知分支单元 10、11 对应的顶点为耦合点。与耦合点相连的三条海缆构成的区间称为耦合区域。耦合点的分支单元没有直接连接接驳盒，所以开路故障前后的电压变化未知，为方便进行区间定位，将供电模型的网络结构分为三部分，用顶点表示不同的区域。

电源点区域：与电源点直接相连的顶点构成的区域，(V_1, V_{12})、(V_{11}, V_{12})。

耦合点区域：(V_{10}, V_1, V_2, V_9)、$(V_7, V_8, V_{11}, V_{13})$。

网络区间区域：$(V_2, V_3, V_4, V_5, V_6, V_7)$、$(V_8, V_9)$。

2) 海缆开路故障对接驳盒电压的影响

海缆出现开路故障，会降低电能的输送能力，对整个观测网络的电压分布产生重要的影响。为量化同一接驳盒在海缆出现开路故障时电压的变化程度，可采用海缆出现开路故障后的接驳盒电压 U_n' 与海缆故障之前的电压 U_n 之差 ΔU 作为变化指标，即

$$\Delta U = U_n' - U_n \tag{6.12}$$

为方便理论分析，将供电网络结构图 6.6 中分支单元 8、9 之间的海缆 R_{11} 断开，将接驳盒 8、9 直接接到分支单元 10、11，去掉耦合点，并对节点进行重新编号。修改后的供电网络模型图见图 6.8。

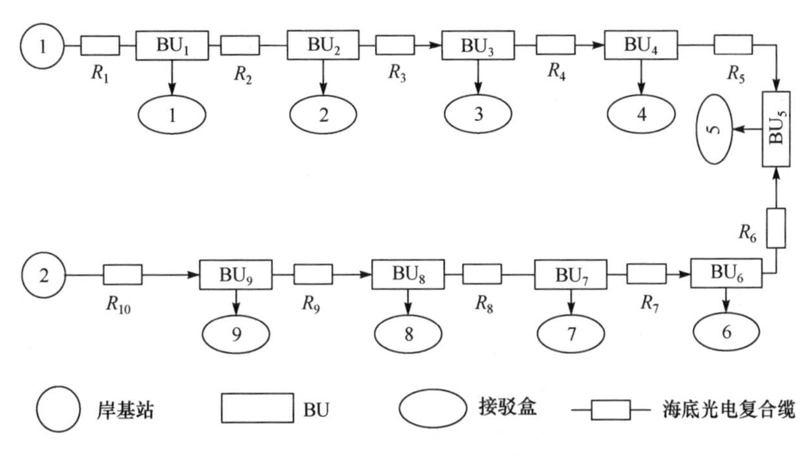

图 6.8　修改后的供电网络模型图

供电网络模型图 6.8 包括 2 个岸基站、9 个接驳盒、9 个分支单元。接驳盒的负载采用恒功率负载 P_i，岸基站电源采用理想恒压源，电流方向如图中箭头所指的方向。从图中可以看出，分支单元 5 为网络图中的功率分点[13]。接驳盒 5 电流由岸基站 1 和岸基站 2 共同提供，假设岸基站 1 提供的电流为 $\alpha P_5 / U_5$，岸基站 2 提供的电流为 $\beta \cdot P_5/U_5$，$\alpha + \beta = 1$，α、β 为岸基站 1、2 提供电流的比例系数。U_i 表示接驳盒的电压，U_{v_1}、U_{v_2} 表示岸基站 1、2 的输出电压。根据供电电流方向，R_5 海缆开路故障前接驳盒 1 的电压表达式为

$$U_1 = U_{v_1} - R_1 \sum_{i=1}^{4} \frac{P_i}{U_i} - R_1 \alpha \frac{P_5}{U_5} \tag{6.13}$$

其他接驳盒电压可以根据公式推导，在此省略。

分支单元 4、5 之间的海缆 R_5 出现开路故障后，接驳盒 1 电压表达为

$$U_1' = U_{v_1} - R_1 \sum_{i=1}^{4} \frac{P_i}{U_i'} \tag{6.14}$$

其他接驳盒电压在此省略。

开路故障前后各接驳盒的电压差简化计算可表示为[14]

$$\Delta U_n \approx \begin{cases} \sum_{i=1}^{n} R_i \alpha \dfrac{P_5}{U_5}, & n=1,2,3,4 \\ -\sum_{i=n+1}^{10} R_i \alpha \dfrac{P_5}{U_5}, & n=5,6,7,8,9 \end{cases} \tag{6.15}$$

海缆 R_5 出现开路故障后，接驳盒 5 只有岸基站 2 提供电能，因此造成接驳盒 5 电压降低，电压差 ΔU_5 为负值，接驳盒 5 之后的接驳盒电压变化差大小可表示为 $|\Delta U_9|<|\Delta U_8|<|\Delta U_7|<|\Delta U_6|<|\Delta U_5|$。岸基站 1 不必为接驳盒 5 提供电能，因此接驳盒 4 电压升高，电压差为正值，接驳盒 4 之前的接驳盒电压变化差大小可表示为 $|\Delta U_1|<|\Delta U_2|<|\Delta U_3|<|\Delta U_4|$。

通过理论分析可知，海缆出现开路故障后，造成与此段海缆相连的分支单元所连接的接驳盒电压变化绝对值最大，并且两端的接驳盒电压变化差的极性相反。因此，可以通过检测到的接驳盒电压变化差的这一特征对开路故障进行区间定位。

利用 MATLAB/Simulink 电力系统工具箱 SPS 建立仿真供电网络图 6.8 的模型，仿真参数设置如下：岸基站电源电压 1、2 采用理想恒压源，额定电压 10kV，分支单元之间的距离阻抗 10～200Ω 不等，接驳盒负载功率 5～10kW 不等。假设开路故障前，海缆均有电流流过，仿真结果如图 6.9、图 6.10 所示。从图 6.9 中可以看出，接驳盒 4、5 电压变化差达到极值，并且极性相反，故障前后电压差值变化规律与理论分析一致。因此可以推断出海缆 R_5 出现开路故障。

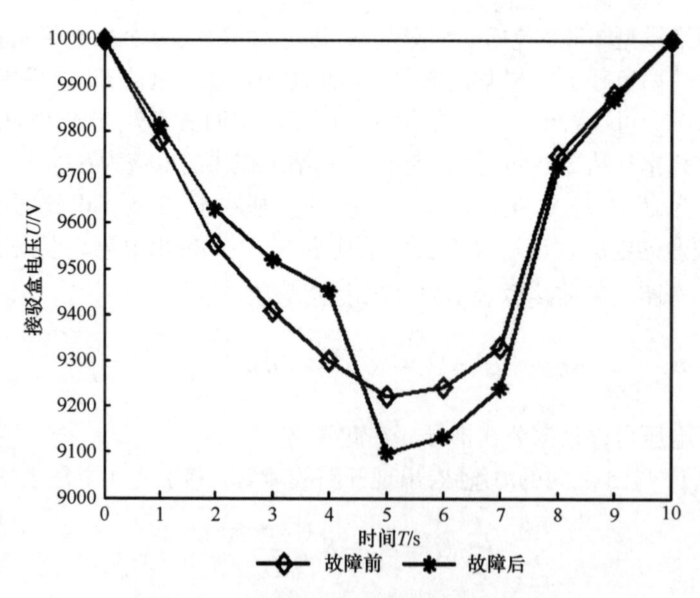

图 6.9　R_5 开路故障前后接驳盒电压分布

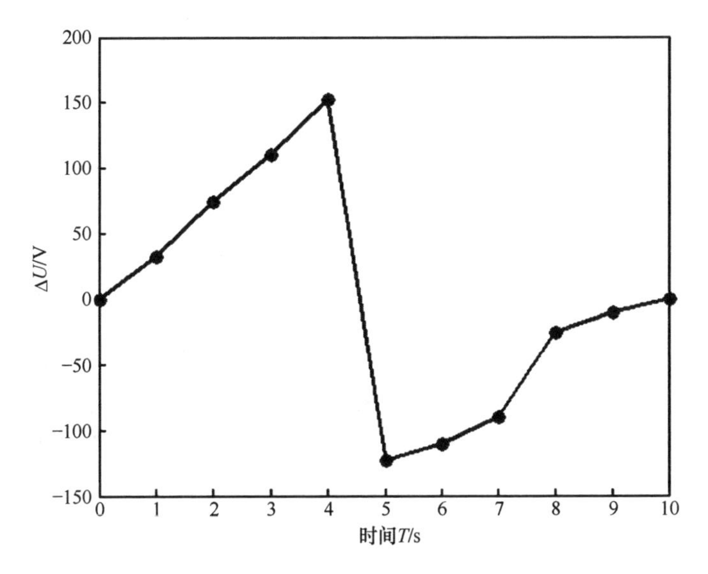

图 6.10 R_5 开路故障接驳盒电压变化差分布

建立供电网络模型图 6.6 的仿真模型，仿真参数设置不变，分支单元 8、9 之间的海缆 R_{11} 出现开路故障，仿真结果如图 6.11、图 6.12 所示。从图中可以看出，供电网络成环形，并且包括两个耦合点，接驳盒 8、9 电压变化差达到极值，并且极性相反，可知海缆 R_{11} 出现开路故障。

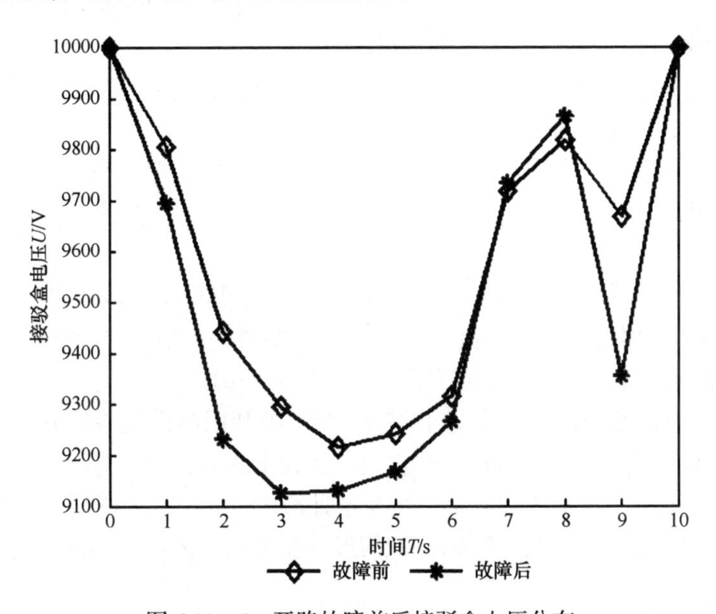

图 6.11 R_{11} 开路故障前后接驳盒电压分布

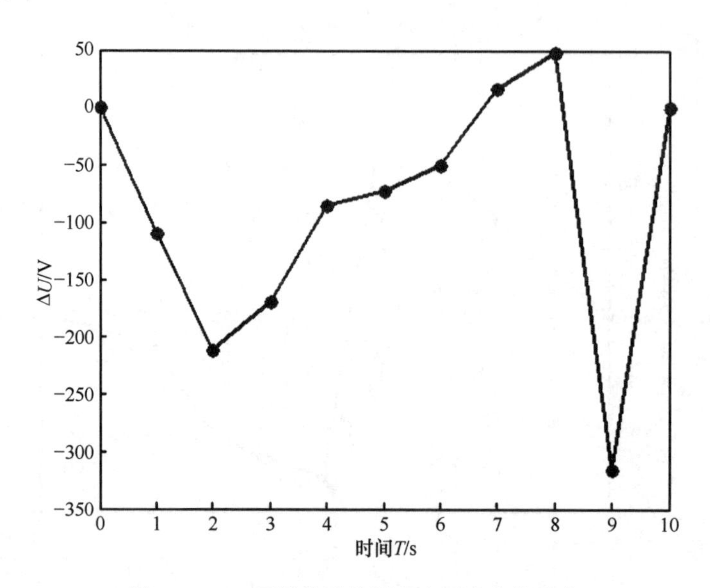

图 6.12 R_{11} 开路故障接驳盒电压变化差分布

3. 海缆开路故障区间定位步骤

总结上述分析，海缆开路故障识别和区间定位方法如下。

(1) 依据网络结构、电流方向，写出有向图的邻接矩阵、耦合点分布矩阵，将网络分成电源点区域、耦合点区域、网络区间区域。复杂的网络结构可以利用配电网耦合点区域的分离算法区分耦合点区域[15]。

(2) 由已知的网络结构，应用基尔霍夫电压、电流定律可以确定测量函数矩阵 $\boldsymbol{H}$。利用式(6.11)计算测量平均残差。

(3) 设定阈值 η，当测量平均残差大于所设定的阈值时，证明出现开路故障。

(4) 利用开路故障前后接驳盒电压测量值，计算电压变换差，求出电压差值的极值点。

(5) 如果故障后电源输出电流为零，则开路故障点位于此电源点与其直接相连的海缆支路。根据有向图的邻接矩阵判断电压差值的极值点是否属于邻接点，如果属于邻接点，则开路故障点位于邻接点之间的海缆。

(6) 如果电压差值的极值点属于耦合区域，则利用假设检验的方法，假设耦合区域中某一段海缆出现开路故障，修改测量函数矩阵 $\boldsymbol{H}$，计算测量平均残差，如果平均残差小于阈值 η，则假设正确，接受这种假设。如果大于阈值，则重新进行假设。由于耦合区域有三段支路海缆，因此假设检验方法重复假设的次数最多为3次。

4. 仿真分析

为验证理论推导方法的有效性，利用 MATLAB 建立供电网络模型图 6.6 的仿真模型。验证三种区域内开路故障识别算法的正确性，分别假设开路故障海缆为 R_1、R_3、R_7，如表 6.1 所示。在未发生开路故障情况下进行仿真，仿真次数 1000 次，求出最大的平均残差 $R_{mar} = 25.95$，设定阈值 $\eta = 30$。从表中的 R_{mar} 值可以看出其绝对值均大于设定的阈值，因此三种区域都可以识别出海缆出现开路故障。

表 6.1 不同海缆开路故障对应的 R_{mar} 值

开路故障海缆	R_{mar}
R_1	−2508.71
R_3	−4662.27
R_7	−1583.64

海缆 R_1 开路故障的电压变化差分布见图 6.13。接驳盒 1 处的电压变化差最大，并且电源 1 输出电流为 0A，因此可知与电源 1 直接相连的支路海缆 R_1 出现开路故障。

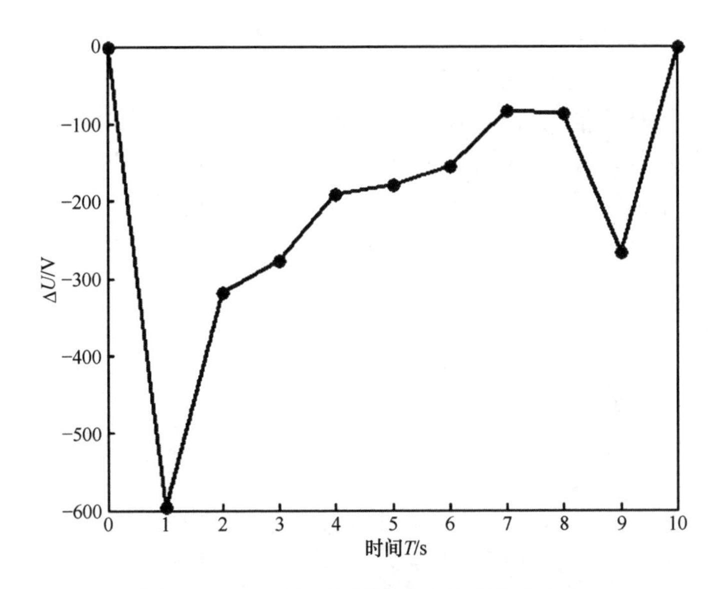

图 6.13 R_1 开路故障接驳盒电压变化差分布

海缆 R_7 开路故障的电压变化差分布见图 6.14。接驳盒 5、6 电压变化差达到极值，极性相反，并且分支单元 5、6 属于网络区间区域，因此可知开路故障发生在分支单元 5、6 之间的海缆 R_7。

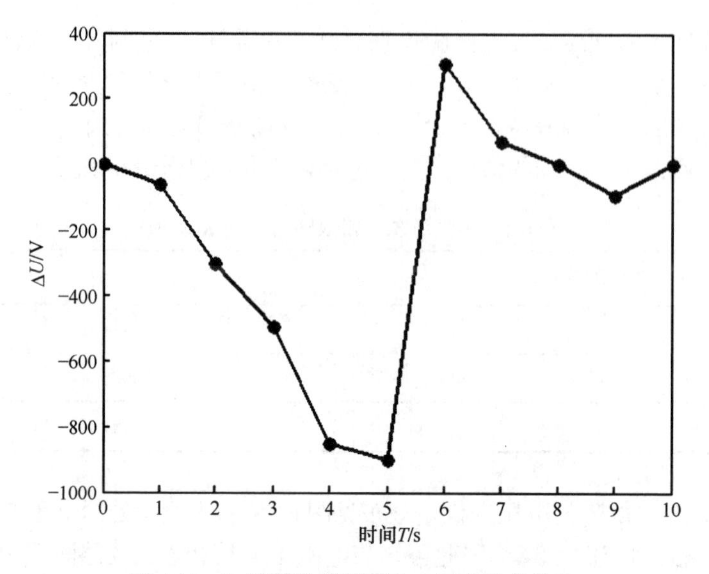

图 6.14　R_7 开路故障接驳盒电压变化差分布

海缆 R_3 开路故障的电压变化差分布见图 6.15。接驳盒 2、9 电压变化差达到极值，并且极性相反，但是分支单元 2、9 属于耦合区域，耦合区域包括分支海缆 R_2、R_3、R_{12}，因此不能直接推出哪条海缆出现故障。运用假设检验的方法对开路故障进行区间定位，分别假设这三条海缆出现故障，求出对应的 R_{mar} 值(表 6.2)，与阈值比较大小检验假设是否正确，可知接受 R_3 开路故障假设，推出了开路故障海缆为 R_3。

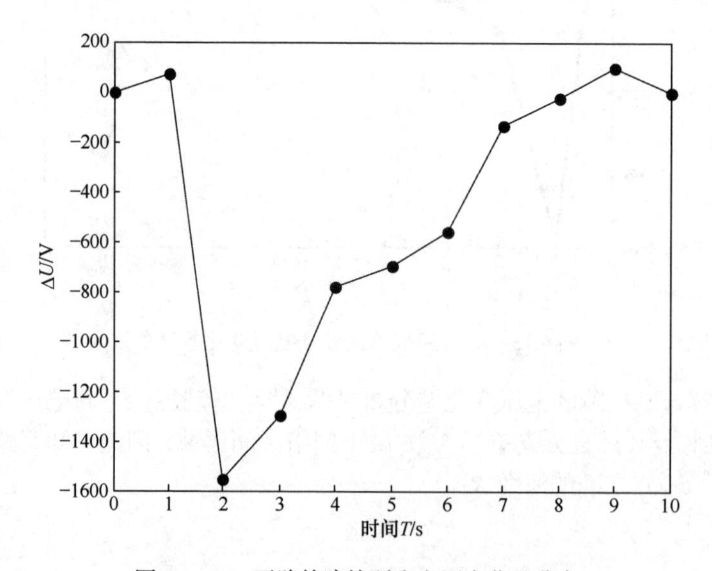

图 6.15　R_3 开路故障接驳盒电压变化差分布

表 6.2 不同海缆开路故障对应的 R_{mar} 值

假设开路故障海缆	R_{mar}
R_2	100.35
R_3	0.9724
R_{12}	4732.71

6.3.3 海缆高阻抗故障

1. 高阻抗故障识别

海底观测网光电复合缆额定载流量一般选为 10A，当岸基站恒压源输出电流大于 10A 时，供电系统自动关闭。接驳盒内部主要部件为 DC/DC 变换器。DC/DC 变换器的启动电压为 6000V，发生高阻抗故障时，接驳盒可以正常工作，电压应大于变换器启动电压 6000V。假设接驳盒 3 附近的电缆发生高阻抗故障，故障点与接驳盒 3 构成并联电路，根据以上分析的电压、电流限定值，利用式(6.16)可求出高阻抗故障点的最小阻抗为 600Ω 。

$$R_{load} > \frac{U}{I} = \frac{6000V}{10A} = 600\Omega \tag{6.16}$$

广义的基尔霍夫电流定律：在集总参数电路中，任一瞬间流入(或流出)电路的任一闭合面的电流代数和恒等于零[16]。海底观测网供电系统采用单极供电方式，电缆只有一根铜线，利用海水构成供电回路。因此，可以将海面作为一个闭合面，假设流入海水的电流为负，流出海水的电流为正，岸基站的电流减去接驳盒负载的电流应恒等于零。针对海底观测网的简化模型，根据广义的基尔霍夫电流定律，可写出如下方程：

$$\alpha = I_1 + I_2 - \sum_{j=1}^{n} i_j \tag{6.17}$$

式中，α 为海缆漏电流；I_1 、I_2 为岸基站电流；i_j 表示接驳盒负载电流。在电缆没有漏电流的情况下，$\alpha = 0$ 。海缆出现高阻抗故障，产生漏电流 I_f 时，$\alpha = I_f \neq 0$ 。可以通过检测 α 值是否为 0，识别海缆是否出现高阻抗故障。

由于电流传感器存在测量误差，数据在传输过程中也存在偏差，α 值在电缆没有漏电流的情况下也不可能绝对等于 0。假设电流传感器的误差为 φ，可写出含有误差量的方程：

$$\alpha + \varphi_\alpha = I_1 + \varphi_{I_1} + I_2 + \varphi_{I_2} - \sum_{j=1}^{n} i_j - \sum_{j=1}^{n} \varphi_{i_j} \tag{6.18}$$

式(6.18)减去式(6.17)，可得到误差之间的方程：

$$\varphi_\alpha = \varphi_{I_1} + \varphi_{I_2} - \sum_{j=1}^{n} \varphi_{i_j} \tag{6.19}$$

误差的期望：

$$\begin{aligned} E(\varphi_\alpha) &= E\left(\varphi_{I_1} + \varphi_{I_2} - \sum_{j=1}^{n} \varphi_{i_j}\right) \\ &= E(\varphi_{I_1}) + E(\varphi_{I_2}) - \sum_{j=1}^{n} E(\varphi_{i_j}) \end{aligned} \tag{6.20}$$

电流传感器的测量误差一般服从均值为 0 的正态分布，因此，$E(\varphi_\alpha)=0$。为提高阻抗故障的识别准确性可以采用以下措施：

(1)选用高精度的电流传感器，减小测量误差。

(2)采用平均滤波方法减小测量误差对 α 值的影响。

2. 高阻抗故障定位方法

由 6.3.2 小节可知无向图邻接矩阵的顶点的度为

$$\boldsymbol{A}_\mathrm{d} = [1\ \ 2\ \ 2\ \ 2\ \ 2\ \ 2\ \ 2\ \ 2\ \ 2\ \ 2\ \ 3\ \ 3\ \ 1]$$

根据节点的度可将节点分成三种：度为 1 的节点称为电源节点(1、13)；度为 3 的节点称为耦合节点(11、12)；度为 2 的节点称为分支节点(2、3、4、5、6、7、8、9、10)。

节点电压、电流如图 6.7 所示，电源节点电压、电流、分支电缆电流可以直接测量到。分支单元与岸基站不具有直接通信的能力，岸基站不能直接获得分支单元的电压、电流值。假设：分支单元的电压值可以通过状态估计方法精确估计；节点 m、n 之间的导纳已知。节点之间的导纳 G_{m_n} 可以用阻抗 R_{m_n} 表示，当 m、n 属于邻接节点时，$G_{m\_n} = G_{n\_m} = 1/R_{m\_n}$；当 m、n 属于非邻接节点时，$G_{m\_n} = G_{n\_m} = 0$。

根据基尔霍夫电流定律可写出各个节点的节点电压方程[17]。

电源节点 1 的节点电压方程：

$$(u_1 - u_2)G_{1\_2} - i_1 = 0 \tag{6.21}$$

电源节点 13 的节点电压方程：

$$(u_{13} - u_{12})G_{13\_12} - i_{13} = 0 \tag{6.22}$$

耦合节点 11 的节点电压方程：

$$u_{11}(G_{11\_3} + G_{11\_2} + G_{11\_10}) - u_3 G_{11\_3} - u_2 G_{11\_2} - u_{10} G_{11\_10} = 0 \tag{6.23}$$

耦合节点 12 的节点电压方程：

$$u_{12}\left(G_{12\_8}+G_{12\_9}+G_{12\_13}\right)-u_8G_{12\_8}-u_9G_{12\_9}-u_{13}G_{12\_13}=0 \tag{6.24}$$

分支节点 2 的节点电压方程：

$$u_2\left(G_{2\_11}+G_{2\_1}\right)-u_{11}G_{2\_11}-u_1G_{2\_1}+i_2=0 \tag{6.25}$$

同理可写出其他分支节点的电压方程。

将上述方程写成矩阵形式：

$$\boldsymbol{\lambda}=\boldsymbol{Y}\cdot\boldsymbol{U}+\boldsymbol{I} \tag{6.26}$$

式中，$\boldsymbol{\lambda}$ 为误差向量，无故障情况下 $\boldsymbol{\lambda}$ 为 N 维零向量，因本节中节点总数为 13，因此 $N=13$；$\boldsymbol{U}=\left(u_1,u_2,\cdots,u_{13}\right)$ 为节点电压向量；$\boldsymbol{I}=\left(-i_1,i_2,\cdots,i_{10},0,0,-i_{13}\right)$ 为电流向量。由于包含耦合节点，耦合节点没有直接连接接驳盒，因此耦合节点连接的分支电流均利用分支电缆两端的电压差除分支电缆阻抗表示，因此对应耦合节点的电流向量为 0。假设电流方向指向参考节点的方向为正，电流方向背离参考节点的方向为负，因此电源点对应的电流向量为负值，分支点对应的电流向量为正值。$\boldsymbol{Y}$ 为导纳矩阵：

$$\boldsymbol{Y}=\begin{bmatrix} Y_{11} & Y_{12} & \cdots & Y_{1n} \\ Y_{21} & Y_{22} & \cdots & Y_{2n} \\ \vdots & \vdots & \ddots & \vdots \\ Y_{n1} & Y_{n2} & \cdots & Y_{nn} \end{bmatrix}$$

矩阵中元素 Y_{mn} 定义如下：

$$Y_{mn}=\begin{cases} -G_{m\_n}, & m\neq n \\ \sum\limits_{n=1,n\neq m}^{N} G_{m\_n}, & m=n \end{cases} \tag{6.27}$$

由于 $G_{m\_n}=G_{n\_m}$，因此矩阵 $\boldsymbol{Y}$ 为对称矩阵。

向量 $\boldsymbol{\lambda}$ 中第 m 个元素可写成如下形式：

$$\begin{aligned} \lambda_m &= \sum_{i=1}^{N} Y_{mi}u_i+i_m \\ &= \sum_{i=1,i\neq n}^{N} Y_{mi}u_i+i_m+Y_{mn}u_n \\ &= \sum_{i=1,i\neq n}^{N} G_{m\_i}\left(u_m-u_i\right)+i_m+G_{m\_n}\left(u_m-u_n\right) \\ &= 0 \end{aligned} \tag{6.28}$$

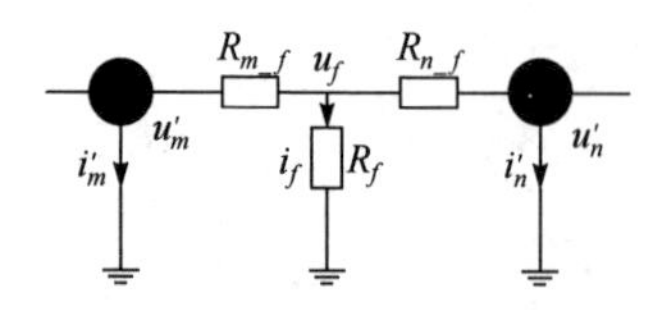

图 6.16　海缆高阻抗故障模型

将测量值代入上式中，如果没有故障，则 λ 为 N 维零向量：$\boldsymbol{\lambda}=\mathbf{0}$ 。

假设节点 m、n 之间出现高阻抗故障点 f，故障点 m 与 n 之间的阻抗为 R_{m_n}，故障点 f 的接地电阻为 R_f，漏电流为 i_f，如图 6.16 所示。电缆出现高阻抗故障，相当于整个网络添加了一个新的节点 f。根据基尔霍夫电流定律，可以写出故障已知情况下节点 m 的节点电压方程：

$$\begin{aligned}\lambda'_m &= \sum_{i=1}^{N+1} Y_{mi}u'_i + i'_m \\ &= \sum_{i=1,i\neq n,f}^{N+1} Y_{mi}u'_i + i'_m + Y_{mn}u'_n + Y_{mf}u_f \\ &= \sum_{i=1,i\neq n,f}^{N+1} G_{m\_i}\left(u'_m - u'_i\right) + i'_m \\ &\quad + G'_{m\_n}\left(u'_m - u'_n\right) + G_{m\_f}\left(u'_m - u_f\right) \\ &= 0\end{aligned} \tag{6.29}$$

由于节点 m、n 之间出现故障点 f，故障后节点 m、n 属于非邻接节点，所以 $G'_{m\_n}=0$，代入式(6.29)可得

$$\sum_{i=1,i\neq n,f}^{N+1} G_{m\_i}\left(u'_m - u'_i\right) + i'_m = -G_{m\_f}\left(u'_m - u_f\right) \tag{6.30}$$

在故障未知的情况下，已知节点的电压值和电流值，得到节点 m 的节点电压方程：

$$\lambda''_m = \sum_{i=1,i\neq n}^{N} G_{m\_i}\left(u'_m - u'_i\right) + i'_m + G_{m\_n}\left(u'_m - u'_n\right) \tag{6.31}$$

将式(6.30)代入式(6.31)可得

$$\lambda''_m = -G_{m\_f}(u'_m - u_f) + G_{m\_n}\left(u'_m - u'_n\right) \neq 0 \tag{6.32}$$

同理，可知节点 n 的误差值：

$$\lambda''_n = -G_{n\_f}(u'_n - u_f) + G_{n\_m}\left(u'_n - u'_m\right) \neq 0 \tag{6.33}$$

由于故障电缆位于节点 m、n 之间，其他节点的误差值 λ 等于 0。

根据基尔霍夫电流定律，写出故障点 f 的节点电压方程：

$$\lambda'_f = G_{f\_m}\left(u_f - u'_m\right) + G_{f\_n}\left(u_f - u'_n\right) + i_f = 0 \tag{6.34}$$

可知，故障点漏电流：

$$i_f = -\left(\lambda_m'' + \lambda_n''\right) \tag{6.35}$$

根据公式推导可得出故障点定位公式及故障点阻抗公式，具体公式推导过程见参考文献[18]。

故障点定位公式：

$$R_{m\_f} = \frac{\lambda_n'' R_{m\_n}}{\lambda_m'' + \lambda_n''} \tag{6.36}$$

$$R_{n\_f} = \frac{\lambda_m'' R_{m\_n}}{\lambda_m'' + \lambda_n''} \tag{6.37}$$

故障点电压：

$$u_f = \frac{u_m'\lambda_m'' + u_n'\lambda_n'' + \lambda_m''\lambda_n'' R_{m\_n}}{\lambda_m'' + \lambda_n''} \tag{6.38}$$

故障点阻抗公式：

$$R_f = -\frac{u_m'\lambda_m'' + u_n'\lambda_n'' + \lambda_m''\lambda_n'' R_{m\_n}}{\left(\lambda_m'' + \lambda_n''\right)^2} \tag{6.39}$$

根据式(6.36)、式(6.37)求出 R_{m_f}、R_{n_f}后，结合海缆阻抗比例系数 K，可求出故障点 f 与节点 m、n 之间的距离 L_{m_f}、L_{n_f}。

$$L_{m\_f} = \frac{R_{m\_f}}{K} \tag{6.40}$$

$$L_{n\_f} = \frac{R_{n\_f}}{K} \tag{6.41}$$

3. 仿真分析

为验证方法的有效性，利用 MATLAB/Simulink 电力系统工具箱 SPS 建立拓扑结构图 6.6 的供电模型，仿真参数设置如下：岸基站电源电压 1、2 采用理想恒压源，额定电压 10kV，每段海缆的长度 50～200km 不等，接驳盒负载功率 8～10kW 不等。假设电压、电流传感器测量误差服从均值为 0、方差为 0.1%的正态分布。在无故障情况下，仿真次数 1000 次，求出漏电流的均值为$\alpha = 0.0012$A。

采用前文提出的节点分类方法，海缆可以分为三类：位于电源节点和分支节点之间的海缆，如 R_1；位于分支节点之间的海缆，如 R_5；位于耦合节点与分支节点之间的海缆，如 R_3。

分别假设出现高阻抗故障的电缆为 R_1、R_5、R_3，故障点与海水之间的阻抗 $R_f = 10\text{k}\Omega$，故障点与分支单元 1、10、3 的距离分别为 16km、70km、60km。利用式(6.35)、式(6.40)、式(6.41)计算出漏电流、故障点位置。结果如表 6.3 所示。从表 6.3 中可以看出，在三种不同类型的海缆发生故障后，产生的漏电流均大于无故障情况下 α 值，故障位置定位的偏差均小于±1km，满足海缆修复的要求，由此可见本节方法对整个海底观测网的海缆出现的高阻抗故障都可以实现准确的识别和定位。

表 6.3　不同位置的故障定位情况

	故障海缆		
	R_1	R_5	R_3
漏电流α/A	0.9951	0.9337	0.8847
故障位置/km	16	70	60
方法定位位置/km	15.8119	70.1278	59.5259
偏差/km	0.1881	−0.1278	0.4741

为了验证故障点与海水之间的阻抗对本节方法的影响，假设故障发生在海缆 R_3，与分支单元 10 之间的距离为 130km，故障点与海水之间的阻抗从 2kΩ 到 20kΩ 不等，每隔 2kΩ 做一次仿真试验，计算故障时的漏电流与故障定位偏差，结果见图 6.17、图 6.18。从图 6.17 可以看出，漏电流随着故障点阻抗的增加而减小，本节方法可以识别出电缆出现故障。从图 6.18 可以看出，不同故障点阻抗情况下，故障定位偏差均小于±1km，本节方法不受故障点阻抗的影响。

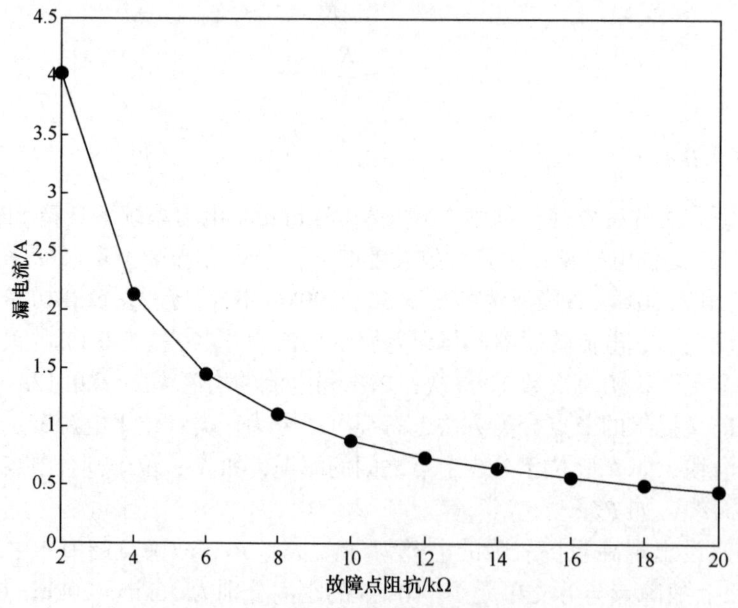

图 6.17　故障点漏电流与故障点阻抗的关系

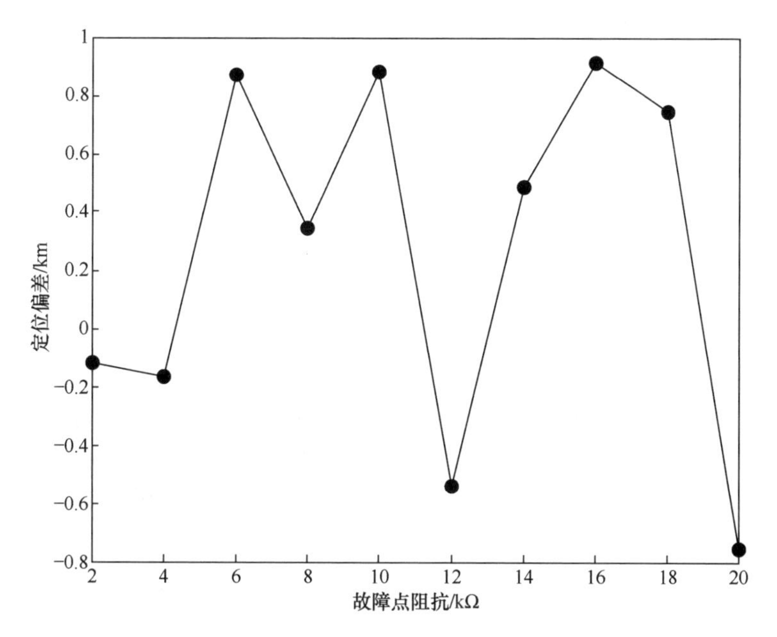

图 6.18　定位偏差与故障点阻抗的关系

6.3.4　海缆低阻抗故障

1. 低阻抗故障识别

1) 分支单元模型

第 5 章对分支单元的结构进行了详细的描述。分支单元主要功能：在海底观测网启动的过程中，闭合内部开关实现整个供电回路的导通；在故障隔离的过程中，断开故障电缆开关，隔离故障，使其他回路可以正常工作。分支单元控制器采用稳压二极管供电。出现低阻抗故障后，整个供电系统停止工作，系统进入故障定位模式，岸基站输出的电压低于接驳盒直流电压变换器的启动电压，海底观测网中只有主干电缆、分支单元、低阻抗故障点有电流流过。电流流过分支单元时，稳压二极管产生电压降，分支单元内部有两对背靠背的稳压二极管，稳压二极管产生的电压降如下：

$$V_{\mathrm{BU}} = 2\times V_r + 2\times V_f \tag{6.42}$$

式中，V_{BU} 为分支单元两端电压降；V_r 为稳压二极管反向导通电压；V_f 为稳压二极管正向导通电压。假设分支单元选用的稳压二极管反向导通电压为 6.2V，正向导通电压为 0.7V，分支单元两端的电压降为 13.8V。

2) 海缆故障模型

文献[18]～[20]对海缆故障的类型进行了详细的分析，大部分海缆故障都是由

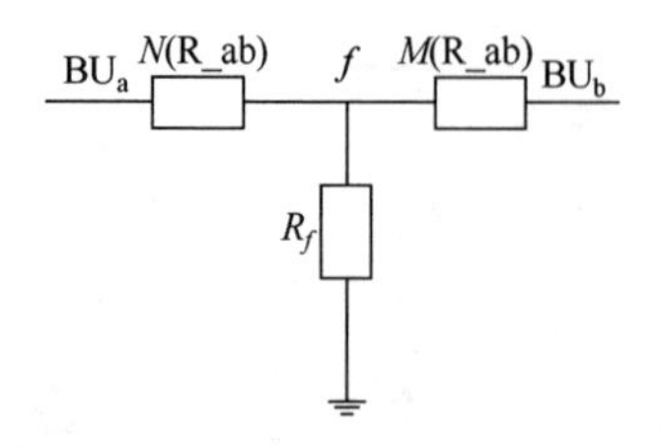

图 6.19　海缆故障模型

绝缘皮损坏造成海缆内部导体与海水直接接触，导致供电短路。海缆内部导体与海水之间的电阻一般为几欧姆。海缆故障模型如图 6.19 所示，位于分支单元 a、b 之间的海缆出现低阻抗故障，故障点 f 与分支单元 a、b 之间的距离为 N(R_ab)、M(R_ab)，故障点的短路阻抗为 R_f。

2. 海缆低阻抗故障区间定位方法

1) 区域划分

海底观测网供电模型见图 6.6，海缆选用国际通用的光电复合缆，额定载流量 10A，由于分析直流系统稳定的运行状态，海缆的阻抗只考虑电阻的影响，海缆的电阻与海缆的长度成正比，比例系数 $K = 1\Omega/\text{km}$，不同区间的海缆用阻抗 $R_1, R_2, R_3, \cdots, R_{13}$ 表示。根据海缆的位置不同将海缆分成两个区域：位于环形网络的区域，包括海缆 $R_3, R_4, R_5, \cdots, R_{12}$；连接岸基站与环形网络的支路区域，包括海缆 R_1, R_2, R_{13}。

2) 稳压二极管特性

稳压二极管伏安特性曲线如图 6.20 所示[21]，可见其正向特性与普通二极管一样，在反向击穿区域内，反向电流在很大范围内变化时，其反向电压变化很小，基本上稳定在击穿电压附近。由式(6.42)可知，分支单元的电压降由所选取的稳压二极管决定，因此分支单元的电压降在适当的电流变化范围内保持不变。系统进

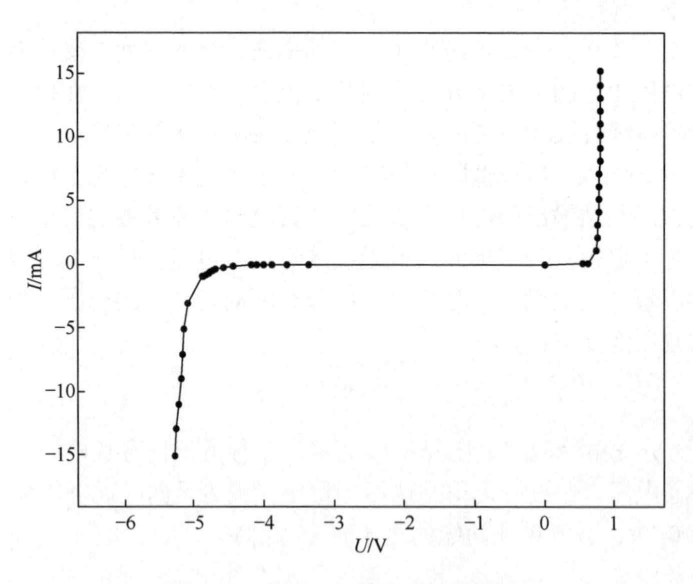

图 6.20　稳压二极管伏安特性曲线

入故障定位模式后，岸基站输出不同的电压，由于分支单元的电压降基本不变，因此岸基站输出电流的变化由海缆的阻抗造成，利用这一特性实现对故障海缆的识别。

3）故障海缆识别方法

海缆出现低阻抗故障时，海底观测网供电系统瘫痪，供电系统进入故障定位模式。假设岸基站1与故障点f之间的阻抗为R，岸基站1到故障点f之间有n个分支单元，因此根据故障定位模式下岸基站输出的电压U、电流值I可写出式(6.43)，此时关闭岸基站2电源。

$$U = n \cdot V_{BU} + R \cdot I \tag{6.43}$$

式中有两个未知数 n、R，可以调整岸基站输出电压，测得不同电压下的电流值。列出二元一次方程组求解两个未知数，方程组如下：

$$\begin{cases} U_1 = nV_{BU} + RI_1 \\ U_2 = nV_{BU} + RI_2 \end{cases} \tag{6.44}$$

式中，U_1、U_2为岸基站输出电压；I_1、I_2为岸基站输出电流。解方程组可得

$$R = \frac{U_1 - U_2}{I_1 - I_2}$$

$$n = \frac{U_2 I_1 - U_1 I_2}{I_1 - I_2} \cdot \frac{1}{V_{BU}}$$

结合海底观测网模型图6.6可知，当n=0时故障海缆为R_1，当n=1时故障海缆为R_2，当$n \geqslant 2$时故障海缆位于环网，不能识别出具体哪条海缆出现故障。

通过上面的n值可以准确判断出故障海缆是否位于环网。如果故障海缆位于环网，可通过已知条件计算出分支单元10的节点电压$U_{BU_{10}}$。假设故障海缆为R_5，分支单元10的输入电流可以通过两个路径到达故障点，假设两路径的阻抗为R_{l1}、R_{l2}，两路径所经过的分支单元个数分别为i、j。对节点分支单元10可写出基尔霍夫电流方程：

$$I = \frac{U_{BU_{10}} - iV_{BU}}{R_{l1}} + \frac{U_{BU_{10}} - jV_{BU}}{R_{l2}} \tag{6.45}$$

式中，I为岸基站的输出电流；$U_{BU_{10}}$为分支单元10输入端的电压，可根据式(6.46)求出。

$$U_{BU_{10}} = U - V_{BU} - \left(R_1 + R_2\right)I \tag{6.46}$$

对式(6.45)进行简化处理可得

$$I = U_{\mathrm{BU}_{10}} \cdot \left(\frac{1}{R_{l1}} + \frac{1}{R_{l2}}\right) - \left(\frac{i}{R_{l1}} + \frac{j}{R_{l2}}\right) \cdot V_{\mathrm{BU}} \tag{6.47}$$

假设：

$$a = \frac{1}{R_{l1}} + \frac{1}{R_{l2}} \tag{6.48}$$

$$b = -\left(\frac{i}{R_{l1}} + \frac{j}{R_{l2}}\right) \cdot V_{\mathrm{BU}} \tag{6.49}$$

式(6.47)可简化成如下形式：

$$I = U_{\mathrm{BU}_{10}} \cdot a + b \tag{6.50}$$

式中，$U_{\mathrm{BU}_{10}}$ 可通过式(6.46)求得；I 为岸基站输出电流，可直接测量获得；a、b 为未知量。为提高计算精度，调节岸基站输出电压，获取多组数据，采用最小二乘曲线拟合的方法求出变量 a、b。假设调节岸基站输出电压四次，岸基站输出电流矩阵、分支单元 10 的电压矩阵如下：

$$\boldsymbol{I} = \begin{bmatrix} I_1 \\ I_2 \\ I_3 \\ I_4 \end{bmatrix},\quad \boldsymbol{U}_{\mathrm{BU}_{10}} = \begin{bmatrix} \dot{U}_{\mathrm{BU}_{10}} \\ \ddot{U}_{\mathrm{BU}_{10}} \\ \dddot{U}_{\mathrm{BU}_{10}} \\ \ddddot{U}_{\mathrm{BU}_{10}} \end{bmatrix}$$

将式(6.50)写成矩阵的形式：

$$\boldsymbol{I} = \begin{bmatrix} I_1 \\ I_2 \\ I_3 \\ I_4 \end{bmatrix} = \begin{bmatrix} \dot{U}_{\mathrm{BU}_{10}} & 1 \\ \ddot{U}_{\mathrm{BU}_{10}} & 1 \\ \dddot{U}_{\mathrm{BU}_{10}} & 1 \\ \ddddot{U}_{\mathrm{BU}_{10}} & 1 \end{bmatrix} \begin{pmatrix} a & b \end{pmatrix}^{\mathrm{T}} \tag{6.51}$$

假设 $\boldsymbol{A} = \begin{bmatrix} \dot{U}_{\mathrm{BU}_{10}} & 1 \\ \ddot{U}_{\mathrm{BU}_{10}} & 1 \\ \dddot{U}_{\mathrm{BU}_{10}} & 1 \\ \ddddot{U}_{\mathrm{BU}_{10}} & 1 \end{bmatrix}$、$\boldsymbol{x} = \begin{bmatrix} a \\ b \end{bmatrix}$，采用最小二乘法曲线拟合的方法，利用式(6.52)可求出未知变量 a、b。

$$\boldsymbol{x} = \left(\boldsymbol{A}^{\mathrm{T}} \boldsymbol{A}\right)^{-1} \boldsymbol{A}^{\mathrm{T}} \boldsymbol{I} \tag{6.52}$$

由于海底观测网的拓扑结构已知，每段海缆的长度和阻抗已知，因此可知：

$$R_{l1} + R_{l2} = R_{\mathrm{L}} \tag{6.53}$$

$$i + j = N_{\mathrm{BU}} \tag{6.54}$$

式中，R_{L}为环网的总阻抗；N_{BU}为环网的分支单元总个数。

式(6.48)、式(6.49)、式(6.53)、式(6.54)构成方程组，可求出变量R_{l1}、R_{l2}、i、j。根据i、j的值可判断出哪条海缆出现低阻抗故障。

3. 海缆低阻抗故障点定位方法

由于海缆位于海底，具有隐蔽性，因此维修技术复杂，工程难度大，修复费用昂贵，维修周期长。海缆出现故障后，能否及时、准确地确定故障位置是影响维修效率甚至是维修成败的关键。鉴于海缆故障定位困难，工程上一般要求对海缆故障定位的误差在 1km 以内[22]。

假设海缆R_5发生低阻抗故障，利用上文的方法已经成功识别出发生故障的海缆。供电模型如图 6.6，假设故障点f与分支单元 3 的距离为$N \cdot R_5$，与分支单元 4 的距离为$M \cdot R_5$，由此可知：

$$N + M = 1 \tag{6.55}$$

调节岸基站的输出电压，使电流满足分支单元内部稳压二极管的要求，具有恒定的压降，降低定位误差。在故障定位模式时，接驳盒的负载没有启动，整个观测网供电系统中只有故障点f有漏电流，因此故障点漏电流I_f满足如下方程：

$$I_f = I_{V_1} + I_{V_2} \tag{6.56}$$

式中，I_{V_1}、I_{V_2}为岸基站电源输出电流。

故障点f有漏电流时，岸基站 1、2 电源都通过观测网供电网络与f构成供电回路。采用回路电流法，写出 3 个独立方程。

$$\begin{aligned} U_{V_1} = {} & I_{V_1}R_1 + V_{\mathrm{BU}_1} + I_2R_2 + V_{\mathrm{BU}_{10}} \\ & + I_3R_3 + V_{\mathrm{BU}_2} + I_4R_4 + V_{\mathrm{BU}_3} \\ & + NR_5I_5' + I_fR_f \end{aligned} \tag{6.57}$$

$$\begin{aligned} U_{V_2} = {} & I_{V_2}R_{13} + V_{\mathrm{BU}_{11}} + I_9R_9 + V_{\mathrm{BU}_7} \\ & + I_8R_8 + V_{\mathrm{BU}_6} + I_7R_7 + V_{\mathrm{BU}_5} \\ & + I_6R_6 + V_{\mathrm{BU}_4} + MR_5I_5'' \\ & + I_fR_f \end{aligned} \tag{6.58}$$

$$
\begin{aligned}
U_{V_2} = & I_{V_2}R_{13} + V_{\mathrm{BU}_{11}} + I_{10}R_{10} + V_{\mathrm{BU}_8} \\
& + I_{11}R_{11} + V_{\mathrm{BU}_9} + I_{12}R_{12} + V_{\mathrm{BU}_{10}} \\
& + I_3R_3 + V_{\mathrm{BU}_2} + I_4R_4 + V_{\mathrm{BU}_3} \\
& + NR_5I_5' + I_fR_f
\end{aligned} \tag{6.59}
$$

式中，U_{V_1}、U_{V_2} 为岸基站电源输出电压[式(6.58)和式(6.59)表示不同供电回路列方程计算的 U_{V_2}]；I_i（$i=1,2,\cdots,11$）为各段海缆所流过的电流；V_{BU_i}（$i=1,2,\cdots,11$）为分支单元电压降，分支单元电压降相等。

根据海底观测网拓扑结构和基尔霍夫电流定律可知：

$$I_3 = I_4 = I_5' \tag{6.60}$$

$$I_9 = I_8 = I_7 = I_6 = I_5'' \tag{6.61}$$

$$I_{V_1} = I_2 \tag{6.62}$$

$$I_{10} = I_{11} = I_{12} \tag{6.63}$$

因此，式(6.57)～式(6.59)可化简为

$$
\begin{aligned}
U_{V_1} = & I_{V_1}(R_1 + R_2) + I_3(R_3 + R_4 + NR_5) \\
& + 4V_{\mathrm{BU}_1} + I_fR_f
\end{aligned} \tag{6.64}
$$

$$
\begin{aligned}
U_{V_2} = & I_{V_1}R_{13} + I_9(R_9 + R_8 + R_7 + R_6 + MR_5) \\
& + I_fR_f + 5V_{\mathrm{BU}_{11}}
\end{aligned} \tag{6.65}
$$

$$
\begin{aligned}
U_{V_2} = & I_{V_2}R_{13} + 6V_{\mathrm{BU}_{11}} + I_{10}(R_{10} + R_{11} + R_{12}) \\
& + I_3(R_3 + R_4 + NR_5) + I_fR_f
\end{aligned} \tag{6.66}
$$

对分支单元 11 可写出基尔霍夫电流方程：

$$I_{V_2} = I_9 + I_{10} \tag{6.67}$$

式(6.55)、式(6.56)、式(6.64)～式(6.67)构成方程组，可求出未知量 N、M、R_f、I_3、I_9、I_{10}，从而实现对海缆故障点 f 的定位。故障点 f 与分支单元 3 的距离 $L = N \cdot R_5/K$。

4. 仿真分析

为验证方法的有效性，利用 MATLAB/Simulink 电力系统工具箱 SPS 建立拓扑结构图 6.6 的供电模型，仿真参数设置如下：岸基站电源电压 1、2 采用理想恒压源，输出电压可调，输出电流可测，每段海缆的长度 90～200km。电压、电流传感器测量误差服从均值为 0、方差为 0.1%的正态分布。

假设海缆 R_1、R_2、R_4、R_5、R_{12} 分别出现低阻抗故障，根据式(6.43)计算 n 的

值(表 6.4)。从表中可以看出，根据 n 的值可以识别出低阻抗故障电缆 R_1、R_2，故障海缆 R_4、R_5、R_{12} 位于环网中，但不能直接识别出故障电缆。为了具体识别出环网中的哪支海缆出现故障，做进一步的仿真分析，利用式(6.48)、式(6.49)、式 (6.53)、式(6.54)计算出 i、j 的值，可以根据 i、j 的值识别出故障海缆位于哪两个分支单元之间，从而识别出哪条海缆出现故障(表 6.5)。

表 6.4　不同区间的海缆故障时求出的 n 值

故障电缆	n
R_1	0.004
R_2	1.002
R_4	5.659
R_5	5.3626
R_{12}	2.105

表 6.5　不同区间的海缆故障时求出的 i、j 值

故障电缆	i	j
R_4	2.18	7.82
R_5	3.59	6.41
R_{12}	9.63	0.37

假设海缆 R_2 出现低阻抗故障，故障点 f 与 BU_1 之间的距离 0～100km 不等，每隔 10km 做一次仿真实验，故障点与海水的接触阻抗为 5Ω，根据式(6.44)计算 n 的值，计算结果如图 6.21 所示。从图中可以看出，可以通过 n 值识别出故障海缆 R_2，所求得的 n 值与海缆故障点的位置无关。

假设故障海缆为 R_2，故障点 f 与 BU_1 之间的距离为 50km，故障点 f 与海水之间的阻抗为 0～10Ω 不等，每隔 1Ω 做一次仿真实验，根据式(6.44)计算 n 的值，计算结果如图 6.22 所示。从图中可以看出，计算 n 值的方法不受故障点与海水之间阻抗的影响，可以准确识别出故障海缆。

假设发生故障的海缆为 R_2、R_4、R_5、R_6、R_{11}，进行仿真实验。首先利用故障海缆识别方法，识别出发生故障的海缆，然后利用故障海缆定位方法求出故障点位置及故障点阻抗，仿真结果见表 6.6。从表 6.6 中可以看出，本章提出的故障海缆定位方法在不同海缆故障的情况下实现了对海缆故障位置的定位，并且故障定位误差均在±1km 以内。

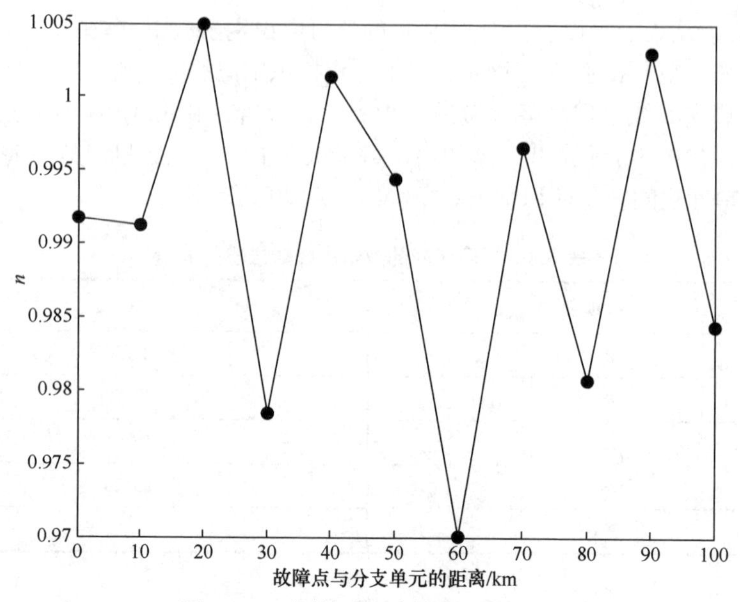

图 6.21　不同故障距离情况下的 n 值

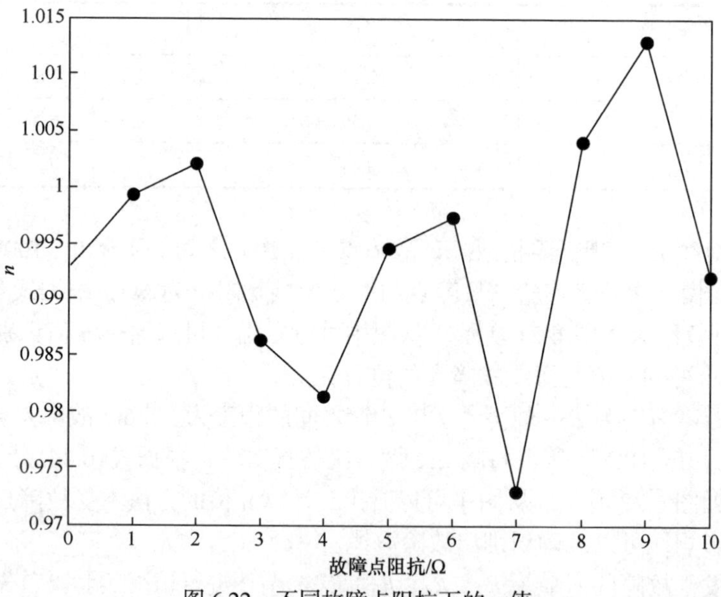

图 6.22　不同故障点阻抗下的 n 值

表 6.6　不同海缆故障时的故障定位结果

故障海缆	故障点位置/km	故障点阻抗/Ω	本章介绍方法定位位置/km	本章介绍方法求出的故障点阻抗/Ω
R_2	距离 BU_1 50	5	50.296	5.2435
R_4	距离 BU_2 75	5	74.6325	5.2602

续表

故障海缆	故障点位置/km	故障点阻抗/Ω	本章介绍方法定位位置/km	本章介绍方法求出的故障点阻抗/Ω
R_5	距离 BU_3 130	5	130.6196	5.0576
R_6	距离 BU_5 30	5	29.756	5.316
R_{11}	距离 BU_9 45	5	45.2818	5.083

为验证故障定位误差是否受故障点阻抗的影响，假设发生故障的海缆为 R_5，故障点与 BU_3 之间的距离为 130km，故障点 f 与海水之间的阻抗为 0～10Ω 不等，每隔 1Ω 做一次仿真实验，根据故障定位方法求出故障点位置，计算结果如图 6.23 所示。从图中可以看出，本节所提出的故障定位方法不受故障点与海水之间阻抗的影响，故障定位误差均在±1km 以内。

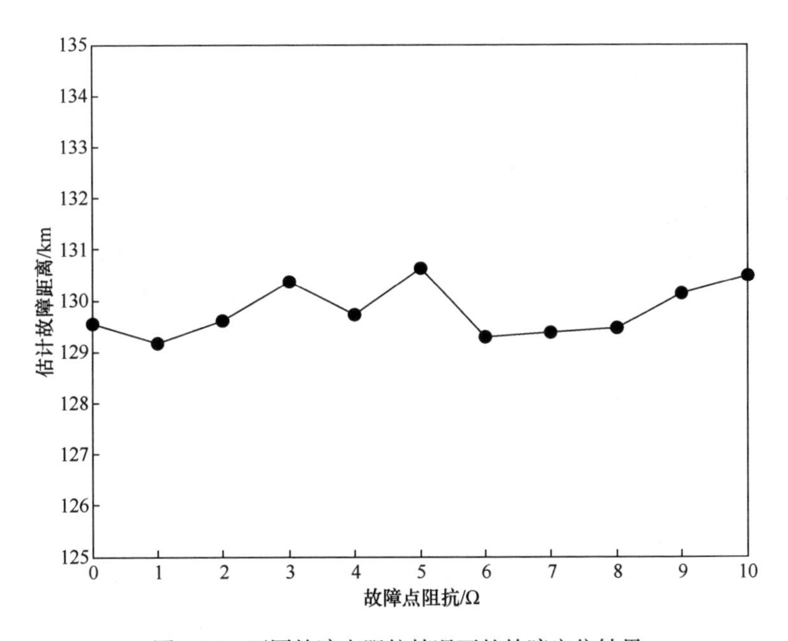

图 6.23　不同故障点阻抗情况下的故障定位结果

6.4　故障诊断展望

海缆可靠、无损伤是海底观测网运行的前提条件。海缆位于海底，环境复杂多变，容易受到外界环境的干扰，无法避免发生故障，因此应及时确定故障位置，为海缆故障修复赢取时间。本章分析了海缆可能存在的故障类型，并对故障类型的识别和定位方法开展了理论分析，主要包括以下四个方面。

(1)分析了海缆故障的原因,根据海缆故障的特点将海缆故障分为:开路故障、低阻抗故障、高阻抗故障。

(2)利用平均测量残差识别开路故障的方法,可以准确识别出海底观测网海缆出现的开路故障。运用邻接矩阵表示海底观测网供电网络，将供电网络分成不同的供电区域，并用矩阵表示，为开路故障区间定位做准备。应用接驳盒电压变化差进行区间定位，针对不同的供电区域，采用不同的区间定位方法，并仿真验证了方法的有效性。

(3)提出了一种适用于海底观测网的海缆高阻抗故障识别及定位方法。该方法的主要特点总结如下：该方法根据广义的基尔霍夫电流定律，采用漏电流识别高阻抗故障；由于高阻抗故障发生时，接驳盒能够正常工作，可以实现在线的故障定位，避免低阻抗故障的发生；故障定位精度高，不受故障点阻抗及故障位置的影响，可靠性高，仿真结果表明了方法的有效性和正确性。

(4)提出了一种适用于海底观测网的海缆低阻抗故障识别及定位方法,分析了海底观测网供电的特点，描述了海底观测网的分支单元模型、故障电缆模型；详细论述了分支单元内部稳压二极管的伏安特性，提出了利用故障模式下所测量的电压值、电流值进行故障海缆识别的方法。在识别出故障海缆的基础上，根据基尔霍夫电压、电流定律写出岸基站与故障点之间的回路方程，求解方程计算出故障点的位置。仿真验证了方法的精确性、可靠性不受故障海缆及故障点阻抗的影响，抗干扰能力强。

参 考 文 献

[1] 吕枫，岳继光，彭晓彤，等. 用于海底观测网络水下接驳盒的电能监控系统[J]. 计算机测量与控制，2011, 19(5): 1076-1078.

[2] 吴承璇. 水下接驳盒能源监控管理系统关键技术研究[D]. 青岛：中国海洋大学, 2015: 3-6.

[3] Schneider K, Liu C C, McGinnis T, et al. Real-time control and protection of the NEPTUNE power system[C]// OCEANS, 2002, 3: 1799-1805.

[4] 林冬冬. 海底接驳盒运行监控与管理系统研究[D]. 杭州：浙江大学, 2011: 11-25.

[5] 刘超，王红霞，苏彬彬. 海底观测网络次接驳盒硬件设计与实现[J]. 仪表技术与传感器, 2015(4): 38-41.

[6] 吕斌，李正宝，杜立彬. 海底观测网接驳盒不间断电源管理系统设计[J]. 海洋技术学报, 2013, 32(4): 28-32.

[7] Liu C C, Schneider K, Kirkham H, et al. State estimation for the NEPTUNE power system[C]//2003 IEEE PES Transmission and Distribution Conference and Exposition, 2003: 748-754.

[8] Abur A, Celik M K. Topology error identification by least absolute value state estimation[C]//MELECON, 1994: 972-975.

[9] Wu F F, Liu W H E. Detection of topology errors by state estimation[J]. IEEE Transactions on Power Systems, 1989, 4(1): 176-183.

[10] Kim H R, Song G B. Estimation of branch topology errors in power networks by WLAN state estimation[J]. The

Transactions of the Korean Institute of Electrical Engineers A, 2000, 49(6): 259-265.

[11] Coelho T C, Lourenço E M, Costa A S. Anomaly zone determination for topology error processing in power system state estimation[J]. Journal of Control Automation & Electrical Systems, 2013, 24(3): 312-323.

[12] Schneider K, Liu C C. Topology error identification for the NEPTUNE power system using an artificial neural network[C]//IEEE PES Power Systems Conference and Exposition, 2004: 60-65.

[13] Chan T, Liu C C, Howe B M, et al. Fault Location for the NEPTUNE power system[J]. IEEE Transactions on Power Systems, 2007, 22(2): 522-531.

[14] 林冬冬, 李德骏, 杨灿军, 等. 基于海底接驳盒的电能管理系统的研制[J]. 船舶工程, 2011, 33(2): 77-80.

[15] 冯迎宾, 李智刚, 王晓辉, 等. 海底观测网光电复合缆开路故障识别及区间定位方法[J]. 电力系统自动化, 2015(10): 157-162.

[16] 李文静, 安工厂. 基尔霍夫电压定律在电路分析中的应用[J]. 电子科技, 2013, 26(7): 136.

[17] 陈振光. 电工基础中基尔霍夫定律的学习方法[J]. 中国新技术新产品, 2010(3): 256-257.

[18] 王广学. 电力系统接地故障点的分析计算方法[J]. 电力系统自动化, 1986(4): 36-41.

[19] 曾昭磊, 曹立波, 张书栋. 浅析突破常规对海缆故障点精确定位的一个范例[J]. 电线电缆, 2013(1): 44-46.

[20] 李明春, 蒋贵明. 海缆故障定位分析[J]. 无线电通信技术, 1998(6): 49-51.

[21] 陈海波, 胡素梅. 稳压二极管的非线性伏安特性研究[J]. 大学物理实验, 2013, 25(6): 63-64.

[22] 张晓, 周学军, 周媛媛, 等. 水下单元故障对海缆恒流远供系统可靠性的影响[J]. 光纤与电缆及其应用技术, 2015(5): 33-36.

7
海底观测网与移动观测平台结合

海底观测网具有强大的定点、原位、长时间连续观测能力，但世间万物都不可能没有缺陷。海底观测网的缺陷在于只能在布放地点进行固定位置的观测，无法像 AUV、水下滑翔机一样，具有移动观测能力，但是，AUV 和水下滑翔机受到自身电池能力的限制，无法长时间连续观测。如上所述，自然会想到如果将两者相结合，利用海底观测网连续不断的能源供应能力，在水下自主地给 AUV 和水下滑翔机补充能源，那么将形成海底观测网和 AUV、水下滑翔机相互取长补短的观测方式，即固定和移动相结合的综合全面的观测。

7.1　海底观测网和移动观测平台结合的意义

7.1.1　水下机器人对于海底观测网观测能力的提升

海底观测网接驳盒和观测节点铺设于海底固定的位置，观测节点上安装的传感器位置也相对固定。因此，海底观测网无法主动搜索观测点，观测点相对固定。对于某些海洋科学现象和数据，如热液喷流等，需要主动发现观测点并实时调整观测位置，甚至进行移动式的追踪。AUV 具有移动能力，可以通过加装传感器进行目标追踪和跟随，弥补海底观测网机动性方面的不足。AUV 在海洋观测中扮演着十分重要的角色，目前技术基本成熟，已经广泛投入使用。现有的 AUV 大多数为观察型。与水下滑翔机系统相比，观测型 AUV 系统具有速度快的优点，其巡航速度一般为 2～3kn，最大速度可达 5kn。因此观测型 AUV 系统具有较好的应急响应能力和较强的抗流能力，适合执行复杂海流环境和突发海洋现象的观测任务。AUV 可以由水面支持母船快速布放，执行完观测任务后由支持母船回收。另外，为了延长 AUV 执行观测任务的时间，还可以在固定节点上安装水下对接装置，作为 AUV 水下工作基站。当没有观测作业任务时，AUV 可以长时间停留在水下对接装置内，处于待命状态。当接到观测作业任务后，AUV 与对接装置分离，到指定观测区域执行观测作业任务。当 AUV 完成一个周期观测作业后，自主与水下对接装置进行对接，并下载观测数据，同时进行能源补给，如图 7.1 所示。

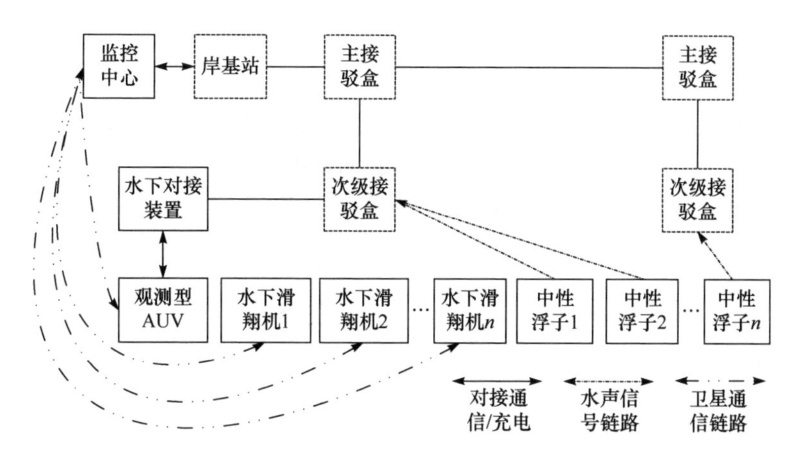

图 7.1　移动观测平台使用示意图

通过将观测网作为能源补充基站，对 AUV 进行水下能源补充，使 AUV 具备长时间驻扎海底的连续工作能力。连续工作能力形成后，AUV 可具备大范围内移动连续观测、重要海域长时间观测、值守等作业能力。移动连续观测是海底观测网所不具备的观测能力，和 AUV 配合观测是海底观测网提高观测覆盖面的最为有效和经济的技术手段。

7.1.2　海底观测网对于水下机器人技术和应用的促进

随着我国海洋战略的制定和实施，水下机器人将得到越来越广泛的应用。AUV、水下滑翔机可用于海洋科学考察、海洋油气勘查服务以及海洋国防领域。更深、更远、更智能是水下机器人的发展方向。综合来看，更深、更远、更智能均直接或间接地对水下机器人的电池续航能力提出要求。在电池技术未产生革命性突破的前提下，能源补充成为问题的解决方案。

能源补充有多种手段，以 AUV 为例，可通过母船回收进行充电。通过母船回收，增加了 AUV 航行的后勤支援成本，降低了 AUV 的机动性和隐身性。许多研究明确指出：无缆水下机器人最大的短板在于电池连续工作时长。如果无须通过船只，在水下回收 AUV，自主完成能源的补充和数据的交换，将克服能源短板，大大增强 AUV 的实用性。

7.1.3 增强海洋科学观测技术手段的需求

1. 增强对垂直剖面的连续观测能力

某些海洋科学现象，不仅需要在水平面内进行大范围观测，还需要在海洋垂直剖面上进行竖直方向的连续采样。海底观测网接驳盒铺设于海床，无法覆盖垂直剖面上水域。通过声学潜标可以在一定程度上弥补海底观测网在垂直剖面观测能力上的不足。但是，声学潜标通过缆绳系泊于海底固定位置，在水平方向上无法移动。AUV 可以在垂直方向和水平方向产生运动，可大大增强海底观测网的观测能力。

2. 增强海底观测网在军事应用方面的主动防御能力

AUV 目前应用的瓶颈之一是能源供应问题。AUV 自带电池的续航能力阻碍了 AUV 在海洋观测和军事海洋领域更广泛的应用。海底观测网将电能通过电缆传输至海底，具备源源不断的能源供给能力，因此，海底观测网和 AUV 可优势互补，大大增强作业能力。通过对接装置给 AUV 进行水下自主能源补充，AUV 克服了能源连续供应困难之后，可长期潜伏于海底，进行主动搜索、日常警戒、要地巡逻等作业。

通过对接装置进行数据交换，AUV 可在第一时间将采集的数据传输至地面岸基站，大大增强 AUV 数据的时效性。

加拿大 NEPTUNE（图 7.2）中已安装 AUV 水下自主充电装置。

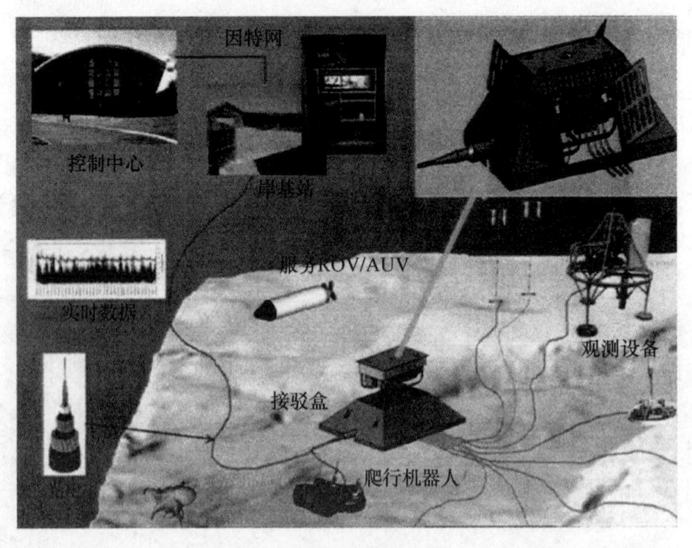

图 7.2 NEPTUNE 接驳盒（含对接装置）与 AUV 协同工作示意图

3. 海底观测网建设前期对于 AUV 的需求

海底观测网的建设是一个庞大复杂的系统工程。建设前期，需要对海底地形地貌进行详尽细致的考察和摸底。据资料显示，NEPTUNE 的建设初期就采用了 AUV 携带声学传感器进行海底地形地貌的勘察，为接驳盒的铺设提供了翔实的数据支撑。AUV 进行地形地貌勘察相对于 ROV 作业最明显的优势在于使用成本低。对几百千米甚至上千千米半径内的海域进行详尽的勘察，对 ROV 来说耗时太久，ROV 时刻需要母船陪伴作业，因此人力、物力、财力的消耗十分巨大。AUV 水下航行时无须母船伴随，只有在布放和回收时使用母船，可节约巨额成本。

7.1.4 网络运行维护对于 AUV 的需求

海底观测网设计使用 20 年以上，如此长时间的连续运行要求，对于网络的安全运行和日常维护提出极高的要求。海底观测网铺设范围大(直线长度上千千米)，铺设深度大(可达 2～3km 深)，因此，仅依靠船只或者人力是无法满足运行维护要求的。

在 NEPTUNE 中，除使用了 ROV 进行布放、回收辅助之外，还使用了 AUV。AUV 的作用主要是沿着光电复合缆巡检，确定光电复合缆位置及状态，为故障定位和打捞等施工作业提供依据，作业示意图如图 7.3 所示。

图 7.3　AUV 为海底观测网巡检光电复合缆(见书后彩图)

7.1.5　海底观测网与声阵相结合

声阵通过潜标等形式布放于海底，通过声学通信方式通信，是海底观测网有缆观测网模式的扩展和补充。声阵作为通信节点或中转点，布放时为了保证不同声阵之间的通信质量，声阵的间距往往受限制，再者为海底地形地貌负责，因此声阵布放点的选择并不简单。如果有了AUV在不同声阵之间穿梭(通信机给AUV导航)，通过AUV便可将不同声通信节点相互串接起来，增强声通信节点的通信能力，降低声通信节点布放的要求。声阵示意图如图7.4所示。

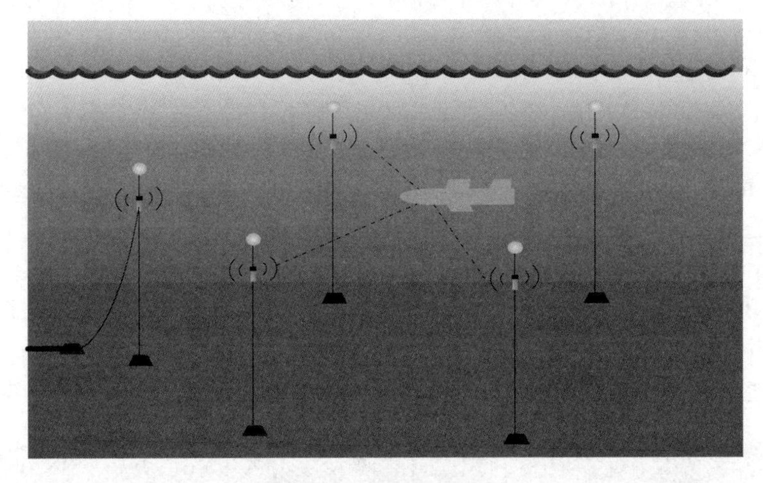

图7.4　声阵示意图

综上所述，海底观测与移动观测相结合可做到优势互补，增强立体观测能力。

7.2　海底观测网和移动观测平台结合技术现状

要完成海底观测网和AUV、水下滑翔机等移动观测平台的结合，要攻克如下关键技术：

(1)移动观测平台远程自主导航技术。

(2)移动观测平台近距离自主导航技术。

(3)移动观测平台与观测网对接装置及技术。

(4)航迹控制技术。

(5)水下无线光充电技术。

(6)水下无线数据传输技术。

导航技术又分为远距离导航和近距离导航。目前，国内外远距离导航主要运用声学传感器来完成，当前应用在水下机器人的主流声学定位技术有长基线定位、短基线定位和超短基线（ultra-short baseline，USBL）定位技术。长基线定位系统较复杂，声矩阵校核复杂；短基线定位系统安装简单，但其只有在基线长度大于 40m 时才能实现高精度的定位。另外，短基线设备至少需要布置 3 个发射接收器才能完成定位工作；超短基线声学设备安装简单、操作便捷，不需要像其他声学定位系统那样布置水下基阵，而且水下定位精度较高。因此，在水下无人自主回收系统中，USBL 是使用较为广泛的导航设备。目前，导航技术出现两种新的趋势：一是多传感器融合的趋势，声传感器的缺点可以被其他传感器弥补，国外学者针对 USBL/INS（inertial navigation system，惯性导航系统）、USBL/多普勒计程仪、LBL(long base-line，长基线)/INS 展开了深入研究；二是水声定位通信一体化，即 UUV 不但可以测量回收装置的方向角，还可以获得方向角，美国伍兹霍尔海洋研究所（Woods Hole Oceanographic Institution，WHOI）、日本国立海洋研究开发机构（Japan Agency for Marine-Earth Science and Technology，JAMSTEC）等机构均进行了相关的研究。

视觉导航技术方面，水下视觉技术主要包括视频马赛克、光流场、直接运动估计、纹理分析、模板匹配和特征检测等。由于水下成像模糊、缺乏纹理以及光照不均匀等特点，视频马赛克遇到很大困难。在空间环境中，视觉导航技术已经发展的较为成熟，但是在水下环境中，由于水中杂质对光的吸收和散射，物体图像模糊不清，因此，水下视觉导航的发展趋势是改善视频质量和开发专门针对水下环境的视觉导航算法。

水下无线光通信技术方面，从 1989 年开始，美国海军水下作战中心为了研究短距离水下光通信时高数据传输速率的信道性能参数，先后进行了多项水下光通信实验，拉开了该项技术研究的序幕。随着器件的进步和研究的深入，水下无线光通信的传输速度越来越快。纵观近 20 年的水下无线光通信技术，呈现出以下几点发展趋势：小型、轻便、廉价、低能耗；传输速率越来越高；水下光通信的通信方式由传统的水下直射通信向回射通信、反射通信以及全方向通信发展；通信链路由简单的点对点通信向网络化通信发展。

非接触感应充电系统是基于非接触感应能量传输技术，完成设备电池电能补充优化的智能系统。感应耦合电能传输（inductively coupled power transfer）利用电磁感应原理，结合现代电力电子技术和当代控制方法形成的一种全新的电源供应模式。20 世纪 80～90 年代，新西兰奥克兰大学开始致力于感应能量传输技术的研究，主要集中在恶劣环境下的移动设备供电问题等方面。应用领域包括电动汽车、起重机、手持充电器、传送带以及水下和井下设备等。德国稳孚勒（WAMPFLER）公司建造了目前为止最大的无接触式感应耦合电能传输(inductively coupled power transfer，ICPT)系统——载人电动列车测试轨，并已测试成功。该系统总容量150kW，轨道长 400m，气隙 120mm，接收绕组向各个方向的位置容许偏差为50mm。WAMPFLER ICPT 技术已工程化应用。ICPT 技术在水下应用的主要趋势是传输功率大、效率高、抗干扰能力强及具有补偿能力。然而，目前的研究大都集中在 ICPT 技术在空气中的应用，对于其在水中应用的研究多数没有考虑海水压力、盐度等因素对传输功率的影响及其补偿方式。因此，对 ICPT 技术在水下机器人领域的应用进行研究是十分必要的。

对接装置方面，在过去的十几年中，各国陆续研发出自己的水下对接系统，这些系统按对接时 AUV 进入方式的不同划分为单向型、多向型、全向型、钩锁型四类。国内外主要 AUV 对接系统如表 7.1 所示。

表 7.1　国内外主要 AUV 对接系统情况

机构	AUV	目标特点	对接装置结构形式及特点	具备功能
日本(川崎重工)	Marine-Brid	捕捉臂	平台对接，带有缓冲锁紧机构	充电、数据交换
美国(MIT&WHOL)	Odyssey-II B	V 型剪	“杆”式机构，带有锁紧机构	充电、数据交换
美国(MBAR)	Remus-100	大型 AUV	锥形导向罩，充电结构	充电、数据交换
美国(HJ)	LMRS	直径 533mm	鱼雷发射管道，机械手辅助	回收
韩国(海洋工程中心)	ISIMI	小型 AUV	锥形导向罩，导向桶	回收
欧洲(ECJRC)	Alive	机械手辅助	竖直板状结构，带有机械手	充电、数据交换
中国(中国科学院沈阳自动化研究所)	探索者	中型 AUV	ROV 式回收机构	回收
中国(哈尔滨工程大学)	DSRV-1	潜艇对接口	可旋转	援潜救生

UUV 在水下会受到水流影响，对其精确定位和航迹控制带来很大干扰。因此，对于 UUV 的航迹控制必须要考虑抗水流干扰。目前，国际上在抗水流干扰研究方面，主流方向为建立水流模型，将模型加入到 UUV 的动力分配系统中，进行航行姿态控制和航迹控制。

7.3 海底观测网和移动观测平台结合关键技术

7.3.1 导航技术

1. 远距离导航控制技术

本节拟采用超短基线作为远距离导航技术手段。中国科学院沈阳自动化研究所在使用超短基线方面有一定的技术积累和成熟经验，本章提出一种多阵元高精度导航方法，提高声学导航精度，工作示意图如图 7.5 所示。

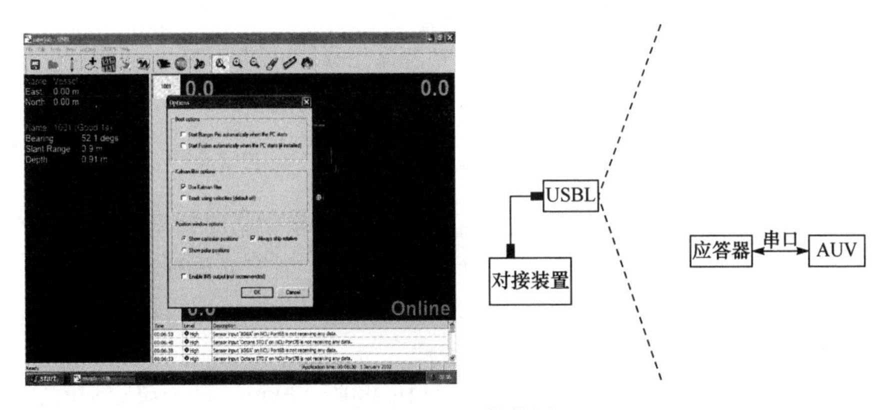

图 7.5 USBL 的使用

传统的超短基线基阵如图 7.6(a)所示，三个阵元排列成等腰直角三角形，阵元间距为 d。为了解决相位测量模糊的问题，$d \leqslant \lambda/2$，λ为波长。如果单独利用这么小的基阵尺寸对远程目标进行定位很难达到较高的定位精度，而国内传统超短基线的定位精度为3%左右。从理论上讲，增加基阵的基线长度，可以减小定位误

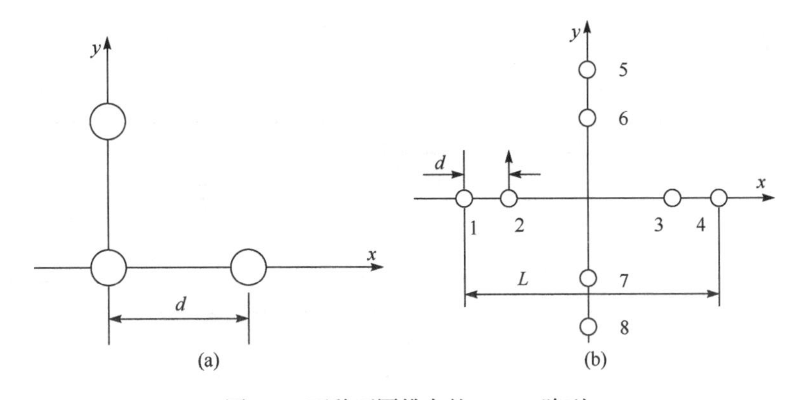

图 7.6 两种不同排布的 USBL 阵列

差。为了在远程达到高的定位精度，降低系统工作频段，增大阵元间尺度，采用多阵元处理技术是提高系统定位精度的有效办法。

若采用的阵形如图 7.6(b)所示，两个十字正交的直线阵，每轴上由四元阵组成，两两一对，间距为 d，$d \leqslant \lambda/2$。同轴上两对间最大距离为 $L=8\cdot d$。对于传统的超短基线定位系统，当阵间距大于二分之一波长时常受相位差测量多值模糊的困扰，因而采用位置计算公式对目标定位时，均取 $d \approx 0.4\lambda$。这样，相位差的真值保证在单值区间 $[-\pi,\pi]$ 内。本系统中，每一对子阵均可完成上述目的。在解决相位差测量多值模糊问题的基础上，由大阵解决相位测量精度问题。

2. 近距离导航控制技术

近距离视觉导航技术主要使用水下光源作引导，以水下摄像机(单目或者双目)作为视觉图形采集工具，通过计算机在线分析图像计算出目标的位置信息，进而向目标游近，最终进入对接结构。对接稳定后，可以进行水下充电和水下数据传输等工作。

采用可见光源作为引导目标时，水下环境中由于水中杂质对光的吸收和散射，最终进入感光元件的光产生不同程度的衰减。因此，研究光源对水下图像质量的影响，获得适合水下环境的光源特性，对于提高水中图像识别质量很有意义。

1) 光源选择

从表 7.2 可以看出，衰减最小的光波长在 400～500nm，这一波长是蓝色光的波段，因此，为了获得更远的传输距离，选择蓝光照明灯。通过在水池进行的实际实验，在同样的功率下，蓝光照度要高于白光，如图 7.7 所示。

表 7.2　不同波段的光在纯水中的吸收和散射

λ/nm	折射率	吸收率/m^{-1}	散射率/m^{-1}
250	1.377	32.0	190
300	1.359	15.0	40
320	1.354	12.0	20
350	1.349	8.2	12
400	1.343	4.8	5
420	1.342	4.0	5
440	1.340	3.2	4
460	1.339	2.7	2
480	1.337	2.2	3
500	1.336	1.9	6
520	1.3355	1.6	14
530	1.335	1.5	22
540	1.335	1.4	29
550	1.334	1.3	35

续表

λ/nm	折射率	吸收率/m^{-1}	散射率/m^{-1}
560	1.334	1.2	39
580	1.333	1.1	74
600	1.332	0.93	200
620	1.332	0.82	240
640	1.332	0.72	270
660	1.331	0.64	310
680	1.331	0.56	380
700	1.330	0.50	600

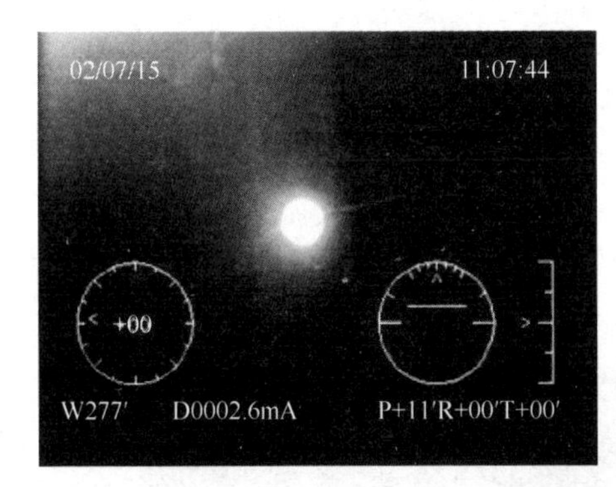

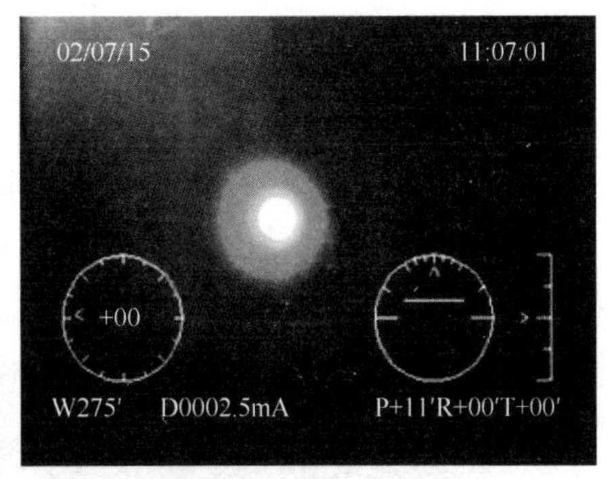

图 7.7　光源颜色选择(见书后彩图)

2) 光源排布

在水池分别对四盏灯矩形排布、两盏灯直线排布与一盏灯排布进行实验。实验表明，灯的排布对于光传播的距离(也就是视觉导引距离)影响很小，但四盏灯可以提供更多的冗余信息供导引使用，更便于与其他发光物体区分，因此选择四盏灯矩形排布的方式。四盏灯的排布方式如图 7.8 所示，两盏灯的排布方式如图 7.9 所示。

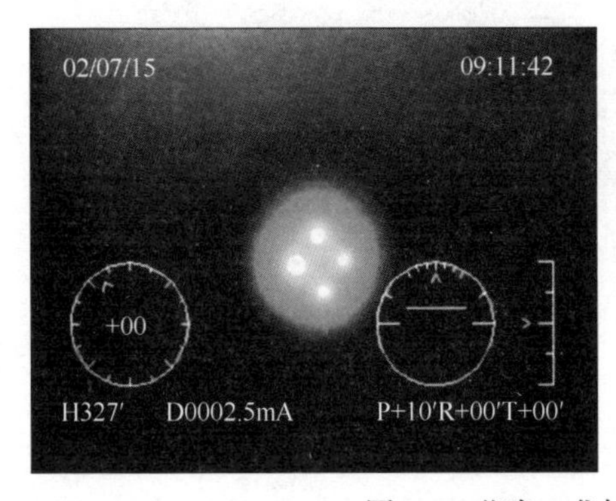

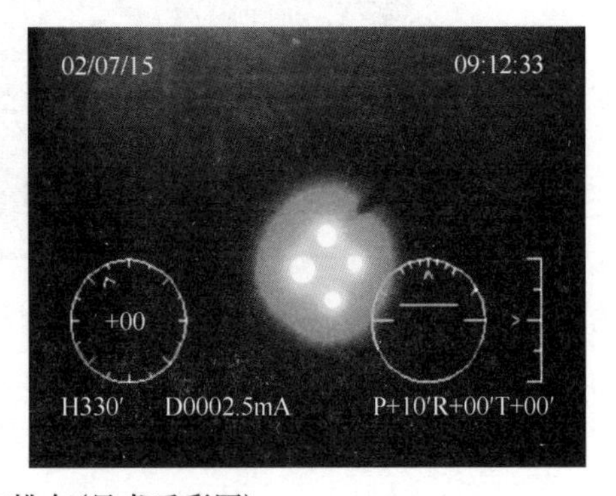

图 7.8　蓝光 4 盏灯排布(见书后彩图)

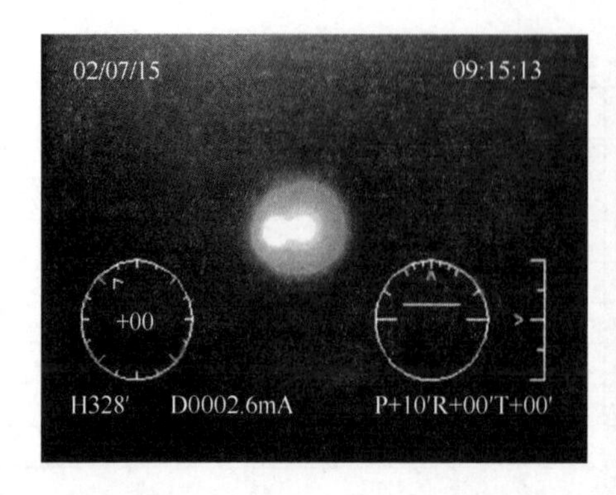

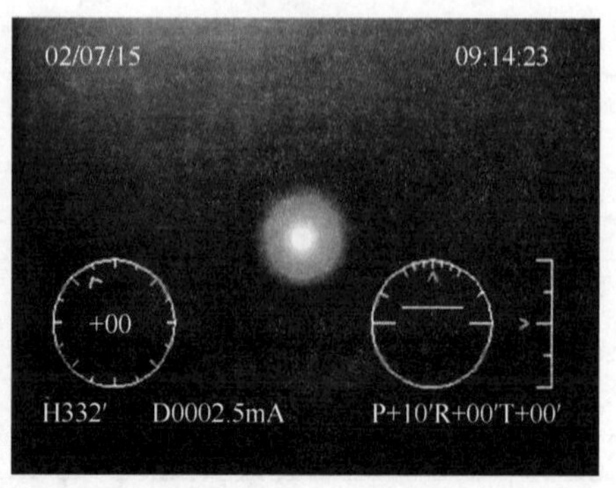

图 7.9　蓝光 2 盏灯排布(见书后彩图)

3)关键参数标定

图像分割阈值、焦距、像素的物理尺寸(一个像素实际代表的物理尺寸)等关键参数需要进行标定。使用专用的标定图形板进行标定。

图 7.10 是标定过程中在水下用摄像机拍摄的图像。标定时需要从不同角度获取水下图像。标定是一个不断重复的过程，直到误差结果令人满意为止。

图 7.10　双目视觉定位原理

4)探测模式

探测模式中,首先需提取出导引灯,这里利用图像分割的方法提取出导引灯。因采用了蓝光的导引灯，使得颜色成为导引灯很显著的特征。将 RGB 图像映射到

Lab 空间中，如图 7.11 所示。图 7.12 中的蓝色点对应图 7.11 在 Lab 空间中的分布；图 7.12 中的红色点对应图 7.11 在 Lab 空间中的分布，即为目标导引灯图像。由图 7.12 可以看出，导引灯图像在 Lab 空间中分布范围较为固定，且明显区别于背景，可利用该性质进行分割。分割结果如图 7.13 所示。

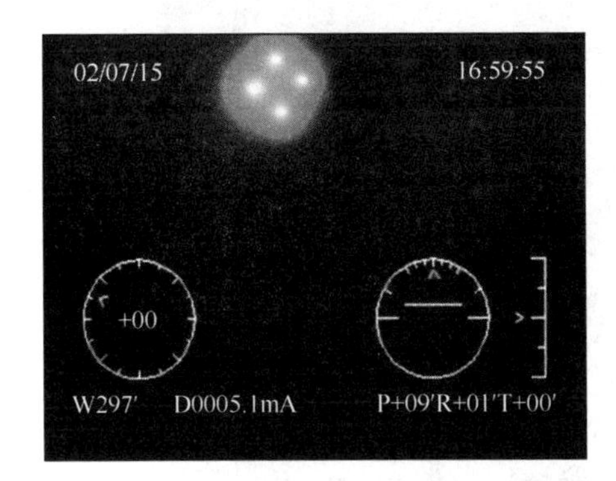

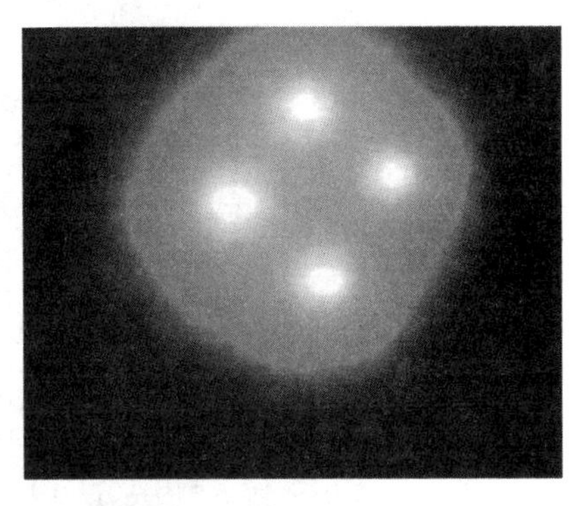

图 7.11 视觉分割(见书后彩图)

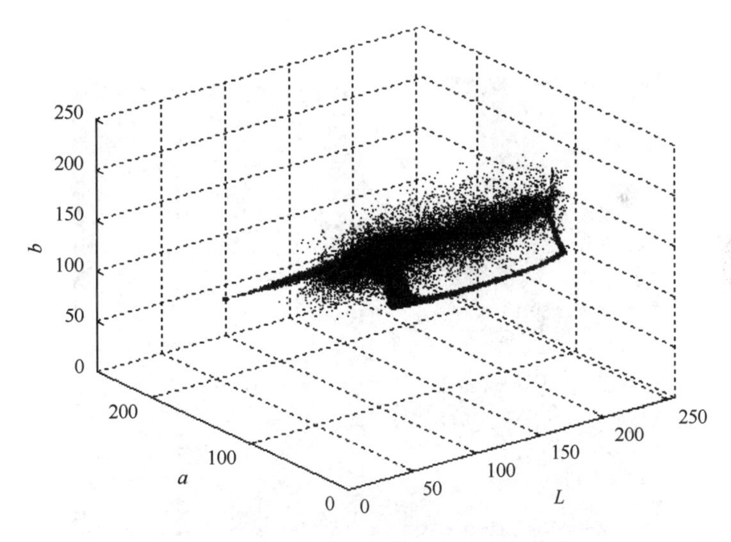

图 7.12 Lab 空间中的分布(见书后彩图)

在完成图像分割后，将场景平均分为四个象限，如图 7.14 所示。统计每个象限内目标点(即白色像素点)的个数。当四个象限内目标点个数相同时，可能出现两种情况：第一，目标点在场景中；第二，摄像机正对目标点。探测模式的最终目标即为第二种情况。当达到第二种情况时进入跟踪模式。当四个象限目标点个数不同时，调整 AUV 姿态以使其相同。

5) 跟踪模式

当进入跟踪模式时，AUV 艏部已对准导引灯，但会因控制、水流等因素产生偏离，分别计算左右以及上下象限的目标点个数差值，以此为依据调整 AUV 的俯仰角与偏角，以使 AUV 艏部对准导引灯。

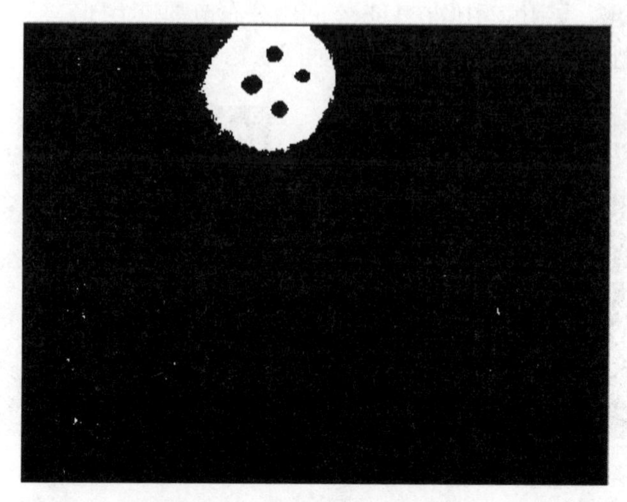

图 7.13　场景图像分割后结果

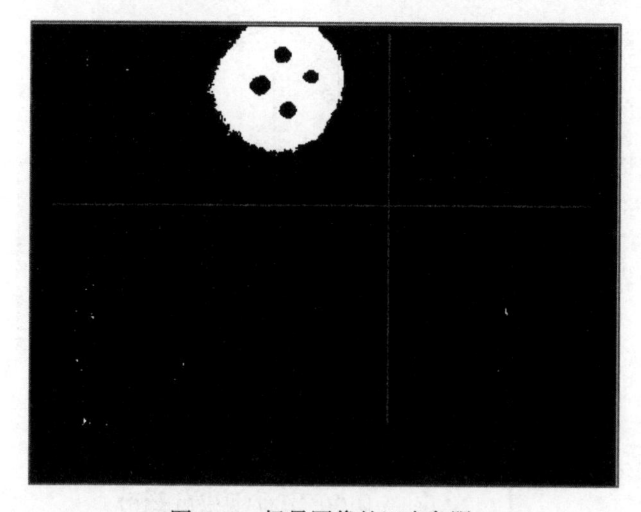

图 7.14　场景图像的四个象限

3. 考虑抗水流干扰的航迹控制技术

在固定基座端建立流体动力学分析平台，该平台内嵌流体力学分析方法，接收流体相关传感器的实时数据，通过计算分析后将结果转化为 AUV 可识别的控制信息，加入 AUV 六自由度的运动控制信息中。到目前为止，进行了初步分析，AUV 在航行过程中，受到的阻力 R_t 包括摩擦阻力 R_f、形状阻力 R_{PV} 和兴波阻力，不过当 AUV 的航行深度超过一个艇长时，可以忽略兴波阻力的影响。

$$R_t = R_f + R_{\mathrm{PV}} = \frac{1}{2}\rho V^2 S \cdot (C_f + C_{\mathrm{PV}}) \tag{7.1}$$

式中，C_f、C_{PV}分别为摩擦阻力系数和形状阻力系数；ρ为海水的密度；S为湿表面积；V为航速。常用的平板摩擦阻力公式有以下几种。

桑海公式：

$$\frac{0.242}{\sqrt{C_f}} = \log_{10}(Re \cdot C_f) \tag{7.2}$$

或当 Re=106～109 时，为

$$C_f = \frac{0.4631}{(\log_{10} Re)^{2.6}} \tag{7.3}$$

普朗特-许立汀公式：

$$C_f = \frac{0.455}{(\log_{10} Re)^{2.58}} \tag{7.4}$$

国际船模拖曳水池会议(International Towing Tank Conference，ITTC)推荐公式：

$$C_f = \frac{0.075}{(\log_{10} Re - 2)^2} \tag{7.5}$$

伯拉奇公式：

$$C_f = 1.328 Re^{-\frac{1}{2}} \tag{7.6}$$

设 AUV 的航速为 2m/s，水的密度为 $1\times10^3\mathrm{kg/m^3}$，AUV 表面压强分布图如图 7.15 所示。AUV 表面附近流体速度分布图如图 7.16 所示。

设 AUV 的航速为 0.5m/s、1m/s、1.5m/s、2m/s，AUV 所受阻力如图 7.17 所示。

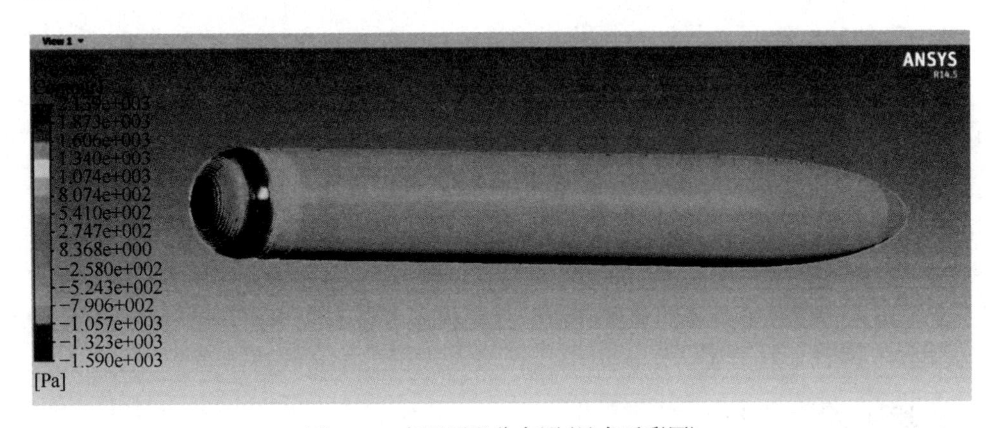

图 7.15　表面压强分布图(见书后彩图)

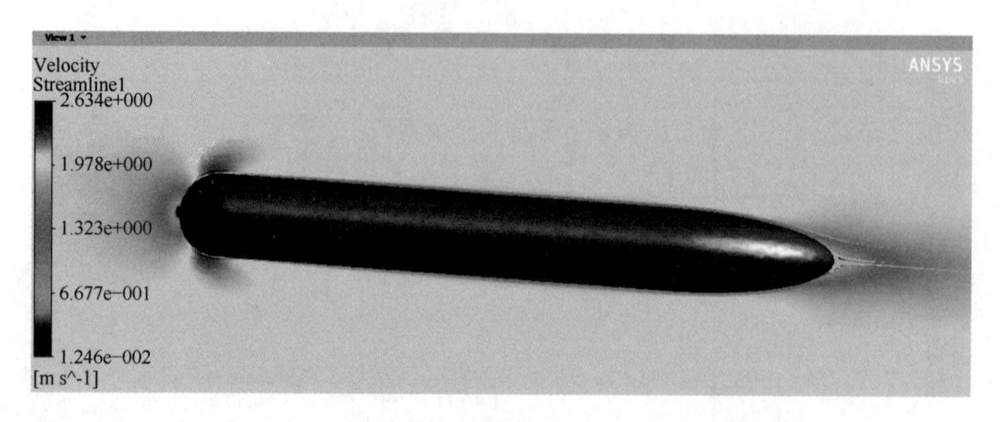

图 7.16　AUV 表面附近流体速度分布图(见书后彩图)

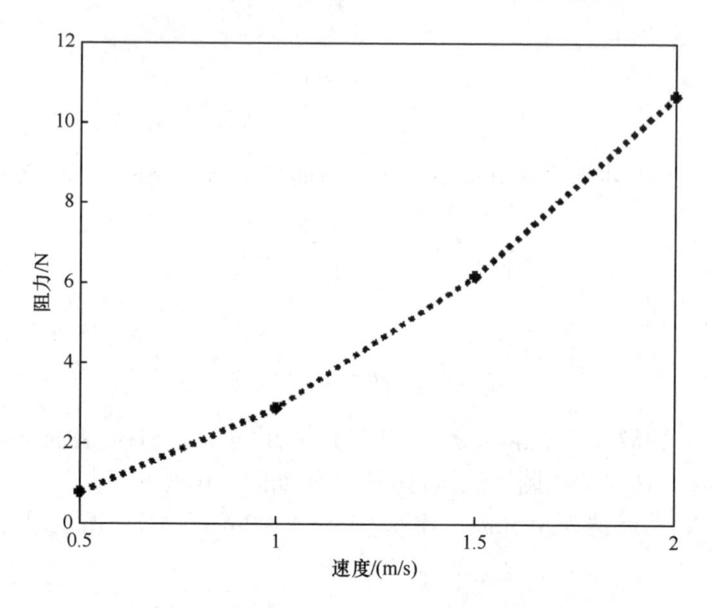

图 7.17　AUV 表面附近流体速度与阻力关系

7.3.2　对接装置

以海底观测网为基础的对接装置可采取两种技术方案，即独立对接装置(图 7.18)和一体式对接装置(图 7.19)。

独立对接装置对接流程如图 7.20 所示。AUV 接近对接装置，进入导流罩直至完全进入对接装置，缓冲装置到位后，完成充电或下载任务，之后夹紧装置收回，AUV 驶离对接装置。

图 7.18　独立对接装置

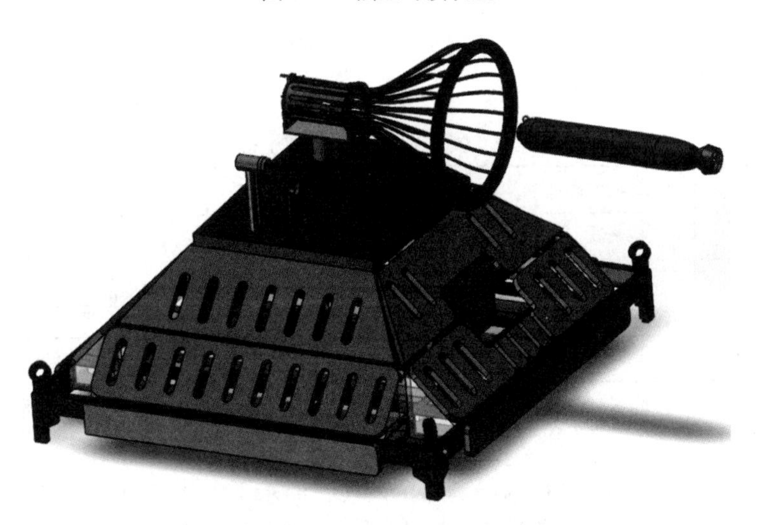

图 7.19　一体式对接装置

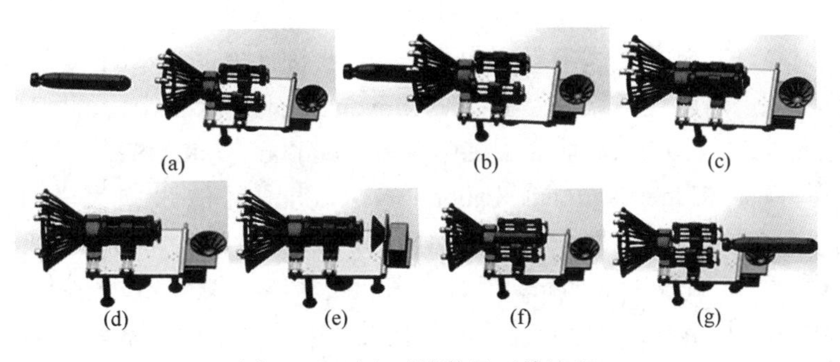

图 7.20　独立对接装置对接流程

独立对接装置设计方案对接具有以下特点：

(1)通用性较强，对于不同直径的 AUV 均可使其轴线在同一高度。

(2)使用了缓冲装置，可以缓解对接时的缓冲力。

(3)结构设计简单，相对可靠。

(4)不要求 AUV 具备后退功能。

7.3.3 水下无线充电技术

水下无线电能传输(wireless power transfer, WPT)技术是借助水介质将电能由能量发射端通过无直接电气连接的形式传递至能量拾取端的全新电能传输技术。该技术消除了传统接触式供电方式所带来的如导线裸露、插头磨损、接触电火花等[1-4]的固有缺陷，提高了水下电能传输的安全性[1]，可用于海底观测网对水下航行器的供电[2-4]。

水下无线传能方式包含电磁辐射式、电磁谐振式、电磁感应式等，多种方式的特性对比如表 7.3 所示。

表 7.3 水下无线充电多种方式对比

	电磁辐射式	电磁谐振式		电磁感应式	
类型	电磁波	紧耦合	松耦合	紧耦合	松耦合
基本原理	波的传导	电场交流电路	分布式的电场电力电子	磁路交流电路	分布式磁场电力电子
最大传输距离	远距离	中等距离	中等距离	近距离	近距离
典型技术	无线波引导装置	电容	容性能量传输	变压器	感性能量传输

近些年来，无线充电技术得到迅猛发展，而水下无线充电技术已经具备可行性。因此，未来使用水下坞站无线充电可以突破水下无人航行器能源系统技术的瓶颈。

国外对 WPT 技术的研究较国内要早一些，因此电动汽车的无线供电技术也相应成熟一些。新西兰奥克兰大学(The University of Auckland)、韩国高等科学技术院(Korea Advanced Institute of Science and Technology，KAIST)、美国橡树岭国家实验室(Oak Ridge National Laboratory)、美国犹他州立大学(Utah State University)、美国北卡罗来纳州立大学(North Carolina State University，NCSU)、日本埼玉大学(Saitama University)、日本东北大学(Tohoku University)、日本早稻田大学(Waseda University)等研究团队相继展开电动汽车动态 WPT 系统相关的研究工作。在电动汽车动态 WPT 系统方面，主要研究内容包括耦合机构结构设计与优化、位置检测技术、异物检测技术、导轨规划与控制等。对于多拾取 WPT

系统的研究则主要集中在拾取线圈交叉互感对系统工作状态的影响、系统最大功率和效率等方面的研究。

韩国的专家和学者最近几年展开了对电动汽车动态无线供电技术的研究，他们将这种采用动态无线供电技术的电动汽车称为在线电动汽车(online electrical vehicles，OLEV)[5]，主要也是采用基于电磁感应耦合原理的无线电能传输技术，其研究重点主要集中在电磁耦合机构的优化设计与电磁场屏蔽技术等方面。韩国高等科学技术学院提出了一种用于在线电动汽车感应供电的“I”形窄导轨-宽拾取的电磁耦合机构，导轨的宽度为10cm，整个导轨分为多个磁极，且各磁极交替反向(相邻两个磁极的磁场方向相反)。每个磁极由一个“I”形磁芯和相应的导轨缆线组成。拾取机构由两个 80cm × 50cm(长 × 宽)且反向绕制的线圈构成。由于拾取线圈的宽度是导轨宽度的 8 倍，因此能够承受较大的横向偏移量。通过在路面下的导轨周围埋设横向和纵向的金属屏蔽板，并使用金属刷连接汽车底盘和路面的纵向金属屏蔽板等措施，明显降低了车内空间的电磁场强度。

新西兰奥克兰大学针对能量发射机构采用集中式线圈阵列的电动汽车动态感应供电系统，提出了一种双极性导轨线圈(bipolar track pad)结构，这种结构可以消除相邻两个线圈之间的相互影响，通过调整叠加距离能够使相邻线圈的互感为零，并提出一种双 D 形正交(double-D-quadrature，DDQ)拾取线圈结构。为了解决电动汽车动态取电过程中的横向偏移问题，新西兰奥克兰大学提出了一种多相导轨式感应耦合电能传输系统，该系统可以在更宽的范围内产生相对均匀的磁场，并提出一种可以同时接收横向和纵向磁场的正交拾取线圈[6]。

德国法勒(VAHLE)公司自 20 世纪末开始研发非接触电能系统(contactless power system，CPS)，并先后发布了应用于地面输送线、电动单轨行车系统和运输车等领域的非接触式电能接入解决方案及相关产品。该公司的常规取电装置的功率容量为 500W～3kW[7]。

美国北卡罗来纳州立大学的 Zeliko Pantic 等对采用电池供电和超级电容供电的电动汽车的动态无线充电技术进行了研究，对这种技术在城市交通领域中的应用前景进行了探讨，他们的研究也是基于感应耦合电能传输技术[8]。

美国橡树岭国家实验室的 John M. Miller 博士领导的课题小组提出了“蛛网线圈”的高品质因数的磁耦合机构绕制方法，验证了双发射线圈、单接收线圈的结构方案，实现了功率 5kW 以上、DC/DC 效率约 85%的无线充电系统设计，其中磁耦合机构的效率在 97%以上。他们还在控制策略方面提出动态调整系统的工作频率以使接收功率和传输效率得到优化[9]。

西班牙萨拉戈萨大学的研究团队对电动汽车无线充电系统进行了参数优化设计，并分析了传输效率和传输功率与系统参数之间的关系，指出通过频率控制可以实现较高的传输效率和传输功率。同时，他们还提出了一个设计因数，用于耦合机构的设计以及四种基本谐振补偿拓扑的参数最优配置。

2010 年，Bombardier Primove 公司开始建设城市轨道交通列车的无线供电示范系统，当年 9 月完成了第一套示范系统的建设。该示范系统充电道路长度为 80m，采用三相供电方式实现了功率 200kW 的无线供电系统[10]。

海底观测网依靠其充足的能源供给，可以通过接驳站(对接装置)为 AUV 等水下移动观测平台进行水下无线充电，工作示意图如图 7.21 所示。

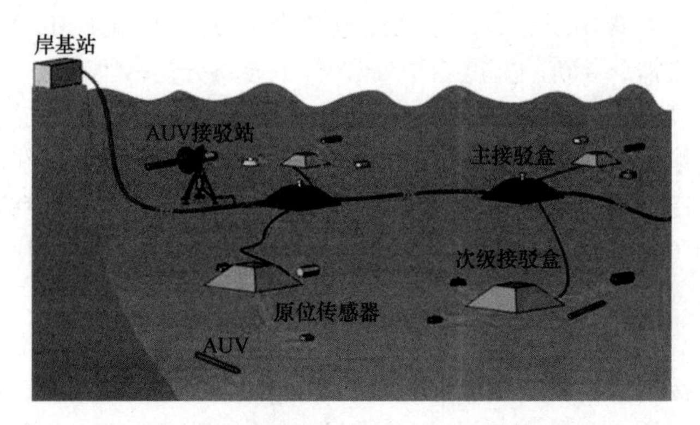

图 7.21 海底观测网为 AUV 进行水下无线充电

充电功率可以根据 AUV 电池的功率等级确定。因 AUV 进入接驳站后可以牢固定位，因此，水下无线充电可以在较近的距离下进行，可以获得较高的充电效率。

7.3.4 水下无线数据传输技术

水声技术是目前最成熟的水下通信技术，但声在水中的传输速率极低，还不及光速的二十分之一，声波在水中的散射、传输的损耗以及回波的干扰等因素也使得水声设备的研制非常困难。声波扩散性强，保密性能不佳，不利于信息传输的隐秘性。另外，对 AUV 来说，水声传感器和声呐设备体积略大，而且加重了能耗；电磁波在海水中衰减非常快(如蓝牙技术和无线局域网技术都工作在大约 2.4GHz 的频率附近，2.4GHz 的信号在海水中的衰减大约为 1695dB/m，而在纯净淡水中的衰减仅为 189dB/m)，因此无线电通信技术在水下也难以实现。目前已有的水下无线电通信系统只局限于浅层海域，而且要装备庞大的天线系统，超低频似乎可以减小衰减的程度，但是超低频系统耗资大，数据传输率极低。表 7.4 具体比较了水下近距离光通信与声通信的技术指标。从表中可以看出，近距离时，采用无线光通信方案较为合理[11]。目前，主要使用蓝光、绿光波段作为通信光源，如图 7.22 所示。

表 7.4 水下近距离光通信与声通信性能比较

性能	水下无线光通信	水下声通信
数据传输率	理论值大于 100Gbit/s	几波特每秒到几千波特每秒
通信距离	近百米	数百米到数千米
保密性	距离较短，发散角小，不易被监听	距离大，全角度发散，易被监听
抗干扰性	不受电磁波和核辐射干扰	易受电磁波和核辐射干扰
便携性	LD、LED 体积很小，外径不到 1cm，重量轻	需要巨大的发射和接收天线
体积	很小	较大
能耗	很小	较大
作用距离	较近	较远

注：LD(laser diode)为二极管激光器

图 7.22 水下蓝光、绿光通信(见书后彩图)

AUV 应用水下无线光通信技术,可以在较近距离内进行高速数据传输。如图 7.23

图 7.23 AUV 组网协同应用水下无线光通信技术

所示，AUV 水下集群组网可以通过可见光进行水下通信。

另外，AUV 可以通过水下无线光通信采集水下固定节点的数据，提高数据获取和利用的效率，如图 7.24 所示。

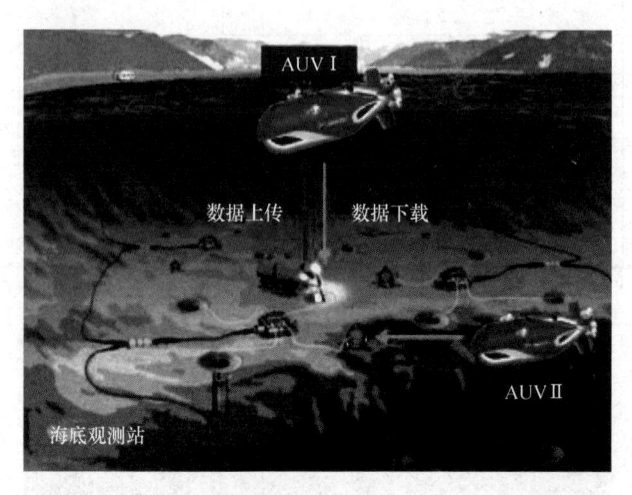

图 7.24 AUV 通过水下无线光通信获取固定节点数据

海底观测网搭载水下无线光通信机后，可以将 AUV 等移动的数据通过无线的方式快速通过光电复合缆上载到岸基站上，增强 AUV 等移动观测平台数据的实时性。

参 考 文 献

[1] 牛王强. 水下无线电能传输研究进展[J]. 南京信息工程大学学报(自然科学版), 2017, 9(1): 50-57.

[2] 吴旭升, 孙盼, 杨深钦, 等. 水下无线电能传输技术及应用研究综述[J]. 电工技术学报, 2019, 34(8): 5-14.

[3] 富一博, 于飒. 无线电能传输技术的发展及其水下应用趋势浅析[J]. 大连大学学报, 2014(6): 30-33.

[4] 周世鹏, 刘敬彪, 史剑光. 水下无线电能传输和信号接口系统设计和分析[J]. 杭州电子科技大学学报(自然科学版), 2018, 174(4): 10-14.

[5] Song B, Shin J, Chung S, et al. Design of a pickup with compensation winding for on-line electric vehicle (OLEV)[C]//2013 IEEE Wireless Power Transfer, 2013: 60-62.

[6] Covic G A, Kissin M L G, Kacprzak D, et al. A bipolar primary pad topology for EV stationary charging and highway power by inductive coupling[C]//2011 IEEE Energy Conversion Congress and Exposition, 2011: 1832-1838.

[7] Chopra S, Bauer P. Analysis and design considerations for a contactless power transfer system[C]//2011 IEEE 33rd International Telecommunications Energy Conference, 2011: 1-6.

[8] Ma L, An S, Zhao W. Research on application and development of key technologies of dynamic wireless charging system in new intelligent transportation system[C]//International Conference on Artificial Intelligence for Communications and Networks, 2019: 402-413.

[9] Neaton J D, Grimm R H, Prineas R J, et al. Treatment of mild hypertension study: Final results[J]. Jama, 1993,

270(6): 713-724.

[10] Albexon P. Bombardier PRIMOVE, catenary-free operation[C]// AusRAIL PLUS, 2009: 1-3.

[11] 魏巍, 陈楠楠, 张晓晖, 等. 用于水下传感器网络的无线光通信研究概况[J]. 传感器世界, 2011, 17(3): 6-12.

8

海底观测网实例

进入21世纪以来，世界各国对于海洋观测的重视程度与日俱增，欧美国家及日本等纷纷投入巨资建立海底科学长期观测系统，如美国海洋观测计划(Ocean Observation Initiative，OOI)、加拿大NEPTUNE观测系统、日本DONET、欧洲多学科海底观测站(European Multidisciplinary Seafloor Observatory)。

本章对上述海底观测网进行简要介绍，以便广大读者了解目前国际上先进海底观测网的基本情况。

8.1 美国海底观测网

OOI 由美国国家基金委资助建立。由于经费的原因，原定于 2007 年启动的OOI直到2009年才开始正式实施，计划执行时间是2009～2014年，为期5年，一期投资约3.86亿美元，建造三大部分——区域网(regional scale nodes，RSN)、近岸网(coastal scale nodes，CSN)和全球网(global scale nodes，GSN)，预期寿命25年[1-5]。

OOI实现从海底到水柱的全方位立体观测，主要针对海气交换、气候变化、大洋循环、生物地球化学循环、生态系统、湍流混合、水岩反应、洋中脊、地球内部构造和地球动力学等科学问题进行观测。CSN 包括可移动大西洋先锋(Pioneer)阵列和固定式太平洋长久(Endurance)阵列。GSN包括阿拉斯加湾、伊尔明厄(Irminger)海、南大洋和阿根廷盆地四处。CSN和GSN主要采用锚系、AUV和水下滑翔机等观测工具。RSN为缆系观测网，为OOI中最重要组成部分，观测范围从陆地一直延伸到深海，从海底到海面。

OOI的各组成部分如表8.1所示。

表 8.1 OOI 组成部分

任务		承担单位
RSN	东太平洋胡安·德富卡(Juan de Fuca)板块	华盛顿大学

续表

任务		承担单位
CSN	大西洋先锋(Pioneer)阵列	伍兹霍尔海洋研究所、俄勒冈大学、Scripps 海洋研究所、Raytheon 公司
	太平洋长久(Endurance)阵列	
GSN	阿拉斯加湾、伊尔明厄海、南大洋、阿根廷盆地	
数据网络化：赛博基础设施 Cyber-Infrastructure		罗格斯大学

RSN 是板块尺度的观测系统，用来观测海底生物圈、水圈及海气界面的各种过程。RSN 位于太平洋东北、美国和加拿大岸外的胡安·德富卡板块(最小的大洋板块)上，沿着卡斯凯迪亚(Cascadia)山脉向北美大陆俯冲，并伴随各种构造运动。RSN 实现从厘米级到百千米级、从秒到年代际尺度上的过程进行系统测量，用于深入观测各种关键性海洋过程，包括生物地球化学循环、渔业与气候作用、海啸、海洋动力、极端环境中的生命、板块构造过程。

美国 RSN 的光电复合缆总长约为 900km，最高设计输电电压为 10kVDC，总通信带宽为 10Gbit/s，在水深 3000m 内布放 7 个海底主基站，每个海底主基站可提供的最大功率为 8kW(图 8.1)。主干缆线分成两条：一条经过板块中部节点，延伸到主轴火山节点；一条经过洋中脊水合物节点，再连接到俄勒冈永久阵列。美国 OOI 经费预算如图 8.2 所示，其中全球观测部分投资 0.4 亿美元，近岸观测部分投资 0.575 亿美元，而 RSN 观测部分投资最大，约 1.39 亿美元。此外，网络化控制与大数据中心投资 0.3 亿美元，项目管理费用 0.38 亿美元，教育与科普投资 0.05 亿美元。建成后每年的运行费预计约 0.6 亿美元。

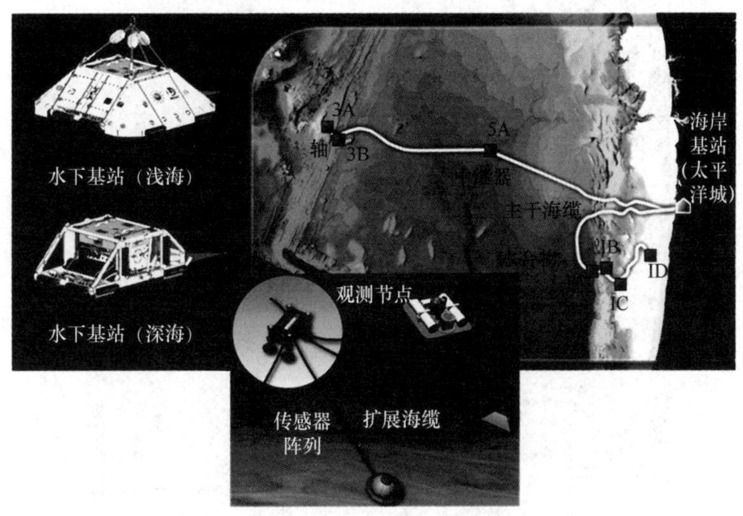

图 8.1　OOI RSN 示意图

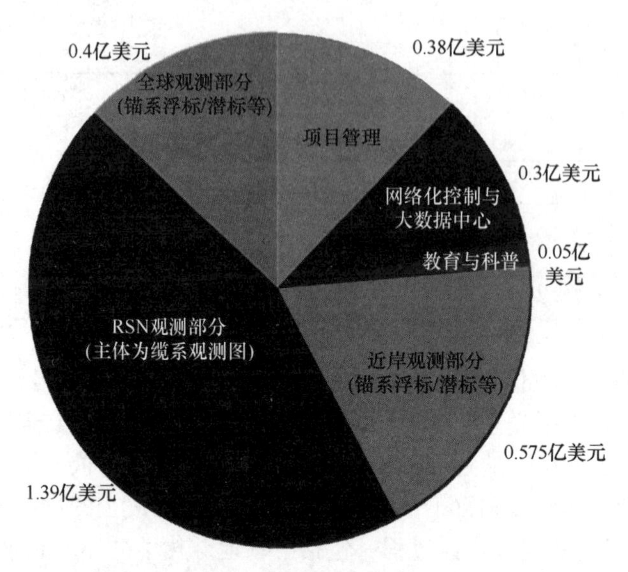

图 8.2　美国 OOI 建设经费(见书后彩图)

海底观测网是种新事物，能不能发挥应有的作用，取决于学术界内外对它的了解。如何利用原位实时的连续数据研究海洋，至今科学家还感到陌生，至于学校的师生和广大的社会群众，更不知道海底观测网对自己有什么用处。鉴于此，OOI 一方面在各种学术大会上组织专题会、发布会，介绍该计划的进展与研究成果，另一方面设立了“教育与公众参与”(Education and Public Engagement，EPE)组开展活动，比如美国罗格斯大学就组织一年级大学生，在网上利用 OOI 实时观测数据，在老师指导下分组进行学习(图 8.3)。

图 8.3　OOI 进课堂(罗格斯大学的学生在课堂上应用 OOI 的实时资料)

OOI 的“教育与公众参与”活动十分广泛，其中一个重点是观测数据资料的可视化，将不熟悉而且枯燥的大量数据变成看得懂的图像、曲线，尤其是变成可以在网上互动的活材料，使得 OOI 的海洋数据进入课堂，让学生感到“OOI 就在身边”。EPE 组负责提供软件、编制教材，推广视频教育。

美国 OOI 规模大、内容新，他们累积的经验和遇到的问题都值得我们密切注意、认真参考。如何利用海底观测网的发展来改造我们的海洋学科教育，是极有价值的重要命题。

8.2 加拿大海底观测网

NEPTUNE 和“金星”海底观测网——维多利亚海底试验网络（Victoria Experimental Network Under the Sea，VENUS）是当时国际上规模最大、技术最为先进的综合海底观测网。为更有效地推动海底观测网科学技术的创新和可持续发展，2013 年 10 月，加拿大将其所拥有的 NEPTUNE 和 VENUS 进行合并，组建加拿大海洋网络（Ocean Network Canada，ONC）。ONC 作为加拿大国家重要科研设施，由维多利亚大学负责管理和运行，为加拿大和世界各地的研究人员提供变革性海洋科学研究的支撑平台[6]。

2009 年年底，NEPTUNE 作为世界上第一个基于电缆的海底观测网竣工，拥有 5 个海底节点的 800km 环形主干网络成为其标志性架构，海缆从温哥华岛艾伯尼港的岸站入海，穿越大陆架到达深海，又回到出发点，形成一个环路。5 个节点分别位于近岸的 Folger Passage（福克通道）、大陆坡的 ODP889 和 Barkley Canyon（巴克利峡谷）、深海平原的 ODP1027、洋中脊的 Endeavour Ridge（奋进岭），覆盖了离岸 300km 范围内 20～2660m 不同水深的典型海洋环境。该网络自从建成后，已陆续安装了地震仪、海流计、摄像机、海底压力记录仪、温盐深仪、声学成像系统等各类海洋仪器，得到的数据则集中汇聚到维多利亚大学的运行管理中心，面向全世界用户免费开放。目前可提供每天 24 小时的实时数据传输服务，包括数字、图形、图像、视频在内的各类测量数据以及数据处理工具。同时，科学家可以和水下观测仪器进行交互，调整设备观测活动。NEPTUNE 主要包括以下几个基本特点：3000m 级水深及 25 年的设计周期；水下千兆级带宽、千瓦级电能的长期持续供给；数据测量的精确时间尺度；整个海底平台可支持几百/几千台设备每年 50TB 的数据流容量；系统具有可扩展性。

VENUS 在 2001 年首次由加拿大海洋学家提出。VENUS 是一个有缆海洋观测系统，观测海域水深在 300m 左右，属于中等深度。2006 年，在萨尼奇湾（Saanich

Inlet)建立了一个水深 96m 的海底节点，缆线长 3km。2008 年年初和年末在乔治亚(Georgia)海峡分别建立了 170m 和 300m 的两个海底节点。布放的仪器类型主要包括：温盐深仪、溶解氧传感器、水下总溶解气体压力仪、回波声码器、海流计、高清晰度视频摄像机、浊度计、ADCP、水听器、沿岸海洋动力应用雷达、散射计等。

ONC 的整体使用寿命大于 25 年，该观测网络主要利用海底光电复合缆构建的具备观测和数据采集、供能和数据传输、交互式远程控制、数据管理和分析等功能的软硬件集成系统，实现对不同深度的海水、动荡不安的海底、永不停息移动着的地壳板块，以及对生态环境、千姿百态的海洋生物群落进行长期连续的监控、实时观测、实时测量和直播。

ONC 的愿景宣言是成为世界领先的海洋观测平台，推动海洋科学和技术的不断革新，其战略目标是：①满足日益增长的用户需求；②提供可靠的海洋观测技术与设备；③通过商业化运作和新技术研发，推动海洋观测技术不断革新。

最新有关 ONC 的一些基本信息如下：

(1)3 个观测区。

(2)5 个岸基站。

(3)850 多千米缆长。

(4)11 个仪器安装节点(nodes)。

(5)32 个仪器平台。

(6)6 个活动观测平台。

(7)180 个仪器全天候在线观测。

(8)3400 个传感器。

(9)免费获取数据。

ONC 在完成海底观测网的施工和设备安装后，日益注重观测数据的利用和产出。ONC 在原有的 NEPTUNE 和 VENUS 观测计划科学目标的基础上，广泛征询国际顾问委员会、用户委员会的建议，凝练出 ONC 观测网科学主题和目标(2013～2018 年)。ONC 主要聚焦以下四个科学主题：

(1)理解东北太平洋人类活动导致的海洋变化。

(2)东北太平洋和 Salish 海的生命。

(3)海底、海水、大气之间的相互作用。

(4)海底及沉积动力学。

加拿大 NEPTUNE 项目主任是克里斯·巴恩斯(Chris Barnes)，这位原来从事微体古生物学研究的教授成了当今世界上海底观测网宏伟计划的带头人。2011 年 6 月底，克里斯·巴恩斯教授从总裁岗位上退下来。2011 年 7 月起，加拿大 NEPTUNE 的总裁(主任)由凯特·摩恩博士(Dr. Kate Moran)担任，她曾担任为期两年的美国奥巴马政府白宫科学和技术政策办公室主任助理。在白宫，摩恩曾多次建议奥巴马政府关注海洋、北极和全球气候变暖。随着 NEPTUNE 和 VENUS 两大观测网合并组成新的 ONC，这位女强人担任 ONC 总裁。加拿大的海底观测网当年由维多利亚大学发起，迄今为止始终由维多利亚大学负责建设和运行。

目前，加拿大对 ONC 主体基础设施和设备的总投资额已达 20 亿加元，由加拿大革新创新基金会、加拿大不列颠哥伦比亚省知识发展基金、实物支持产业机构提供。目前，ONC 由 80 多个专职工作人员及顾问组成的全职工作人员来经营运作。ONC 设董事会、国际科学咨询委员会和海底观测委员会，同济大学汪品先院士为 13 位国际科学咨询委员会成员之一。

ONC 团队的科学家、工程师和设计师为从事科学研究、资源管理、预警系统等的客户提供产品和技术咨询、技术支持服务。ONC 在全球观测系统科学技术方面处于世界领先地位，并始终主张开放共享的理念，强调与世界现有已建成海底观测网的科技人员进行合作和交流，不断相互借鉴，互补管理经验，共同监督和支持本区宏伟的海底观测工程。

8.3 日本海底观测网

2011 年 3 月 11 日，日本发生历史上最大的地震与海啸。空前的灾害推进了空前规模的建设：日本在四年多时间里建成了海底地震海啸观测网——S-net 网[7]。

2011 年大地震后立项建设的“日本海沟海底地震海啸观测网”（Seafloor Observation Network for Earthquakes and Tsunamis Along the Japan Trench），英文简称“S-net”，于 2015 年建成投入使用。其缆线总长度 5700km，相当于北京到莫斯科的距离。日本东临太平洋，太平洋板块在这里从东向西、以每年 8cm 的速度向日本俯冲，由此形成的日本海沟深达 8000m，这里正是 2011 年大地震的源区。现在的 S-net 就是沿日本海沟布设，北起北海道，南抵东京湾东侧的房总半岛，覆盖了从海岸到海沟共计 25 万 km^2 的广大海域(图 8.4)。

S-net 由六大系统组成，每个系统包括 800km 缆线和 25 个观测站(只有海沟轴外侧系统长达 1600km)，观测站之间南北相距约 50km，东西相距约 30km，做到每个 M7.5 级的地震源区有一个观测站。每个观测系统的缆线有两个岸基站，可以从两个方向为光电复合缆提供高压电源和接收信息，其目的是保证当缆线发生故障时，观测系统仍能继续运行。每个观测站设有直径 34cm、长 226cm 的地震仪和海啸仪，装在抗腐蚀、耐高压的铍铜质容器中。测水压的海啸仪具有很高的灵敏度，能够识别 1mm 的水位变化。

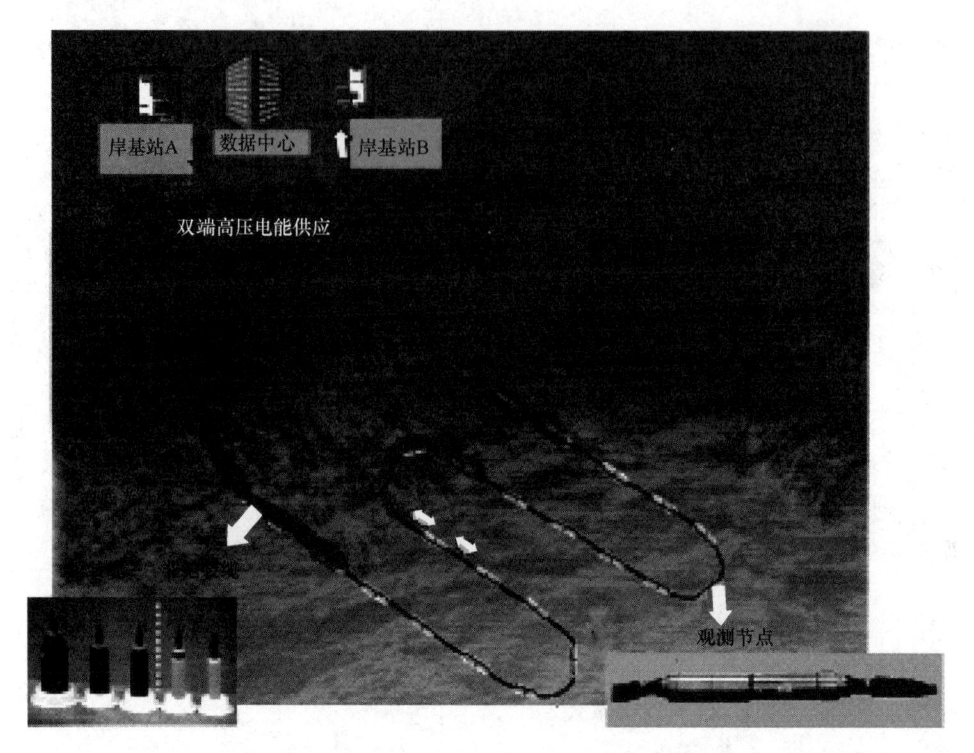

图 8.4　S-net 单个系统的组成(两个岸基站、光电复合缆和观测站的地震海啸仪)

其实在日本的南岸外，2011 年就建成了 DONET，它也是针对地震与海啸的实时监测和预警[8]。第一期 DONET 建网工程于 2006 年启动，2011 年建成；第二期 DONET 2 建网于 2011 年开始，2015 年完成。这样，日本针对两大俯冲带的地震源区，全面完成了海底监测网的建设：东侧的 S-net 针对太平洋板块，南边的 DONET 针对菲律宾板块。进一步的计划是与大洋钻探计划(integrated ocean drilling program，IODP)相结合，在日本南边岸外的“南海海沟”完成深钻，建立井下地球物理观测站，进一步与海底观测网相连接，目前已经有一个井下观测站完成连接。与 S-net 一样，DONET 也是由文部科学省立项投资建设的。

DONET 2 位于 DONET 的西侧，技术设置与之相似，只是规模比 DONET 更大一些，缆线总长 450km，有 7 个科学节点、29 个观测点。建设 DONET 2 期间，还为 DONET 网铺设了两个科学节点。两套 DONET 网的建成，为日本来自南侧海域的地震和海啸提供了海底预警装置，并且和大洋钻探相结合，为研究板块俯冲带的地震机制提供科学设施。与 DONET 相比，DONET 2 观测网的另一个优点是具有两个岸基站，为观测系统的持续运行提供了“双保险”。

8.4 欧洲海底观测网

欧洲海底观测系统全称为欧洲多学科海底及水体观测系统(European Multidisciplinary Seafloor and Water-Column Observatory，EMSO)，是一个分布在欧洲的大范围、分散式科研观测设施[9]。EMSO 由一系列具有特定科学目标的海底及水体观测设施组成，主要用来实时、长期观测海洋岩石圈、生物圈、水圈的环境过程及其相互关系,服务于自然灾害、气候变化和海洋生态系统等研究领域。EMSO 由欧洲 13 个国家共同研发,网络节点部署覆盖欧洲主要水域——从北冰洋穿过大西洋和地中海，一直到黑海，包含 11 个深海节点和 4 个浅海试验节点。EMSO 将成为 COPERNICUS(原 GMES-Global 环境安全观测系统)海底的一部分，显著提高欧洲成员国的科学观测能力。

从技术角度来看，EMSO 最引人注目的特色是对海洋多学科、多目标、多时空尺度的观测研究。观测目标从海底到底栖生物、水柱和海洋表面。根据应用需求，海底原位观测设备和仪器通过连接光电复合缆，实现为海底仪器设备、固定观测平台和活动观测平台持续供电。观测数据和信息的实时传输主要依靠光缆或者通过连接人造卫星浮标的电缆及声波网络。有缆设备有很多优势和便利，如获取的海量数据可以实现大功率、高带宽的信息实时传输，同时可以通过陆地观测网的信息整合(如地震监测网)，实现更好地对地质灾害的预警。目前一些测试点在运行过程中，尽管遇到了许多技术难题，但展示了海底观测网在科学研究中的无限魅力。

海洋动力过程会对人类生产生活产生重要的影响。连续实时对大气、海水、海底进行观测，将有助于我们理解海洋内部的过程、机制及其相互作用。EMSO 将重点解决如下的科学与社会需求：

(1)自然和人为变化；

(2)生态系统服务、生物多样性、生物地球化学过程及其与气候变化之间的相互作用；

(3)能源、矿产、生物资源调查和获取过程对环境的影响；

(4)地质灾害模拟及早期对地震、海啸、水合物释放、海底滑坡的预警；

(5)科普和政府决策。

EMSO 将电力系统和通信系统从陆地延伸到海底，实现对大量观测仪器、传感器、实验平台端点进行长期供电、双向通信、远程控制，实现连续、高分辨率实时海洋观测，覆盖范围从极地环境、热带环境一直到深海区域，涉及生物学、地质学、化学、物理学、工程学及电子计算机技术等多学科。这种多学科交叉观测可以使我们在空间和时间尺度上解决多元复杂科学问题，而不是单单研究和解释某一种数据结果。针对以上需求，EMSO 将重点观测以下内容。

地质学：主要包括气体水合物稳定性、海底流体、海底滑坡、地质灾害预警、洋中脊火山作用等。

物理海洋学：海洋水温上升、深海循环、洋壳与水体相互作用。

生物地球化学：海水酸化和溶解度泵、生物泵、低氧、大陆架泵、深海生物地球化学通量。

海洋生态学：生态系统对气候的影响、细菌分子生物学、渔业、海洋噪声影响、深海生物圈、化能自养生态学。

截至目前，EMSO 受限于经费、环境许可等因素的影响，项目尚未全部完成，但部分测试点已在运行过程中，并获得了大量科研数据。

参考文献

[1] 吴旭升, 孙盼, 杨深钦, 等. 水下无线电能传输技术及应用研究综述[J]. 电工技术学报, 2019, 34(8): 5-14.

[2] 李争, 高世豪, 张岩, 等. 基于电场感应的水下无线电力传输[J]. 河北科技大学学报, 2018，39(6): 78-84.

[3] 高雪飞, 张剑, 李金龙. 水下双向无线电能传输系统设计与实现[J]. 电子技术应用, 2018, 44(10): 168-172, 176.

[4] 吴垣甫, 孙梦云, 雷宇. 无线电能传输技术在水下的应用研究[J]. 自动化与仪器仪表, 2018，230(12): 201-203, 207.

[5] Chave A D, Arrott M, Farcas C, et al. Cyberinfrastructure for the US Ocean Observatories Initiative: Enabling interactive observation in the ocean[C]//OCEANS, 2009: 1-10.

[6] Gang N, Persinger M A. Correlations between ocean water temperature and related parameters from the Victoria experimental network under the sea（VENUS）and geomagnetic activity: Implications for climate change[J]. International Journal of Physical Sciences, 2012, 7(4): 660-663.

[7] Kanazawa T. Japan Trench earthquake and tsunami monitoring network of cable-linked 150 ocean bottom observatories and its impact to earth disaster science[C]//2013 IEEE International Underwater Technology Symposium, 2013: 1-5.

[8] Kawaguchi K, Kaneda Y, Araki E. The DONET: A real-time seafloor research infrastructure for the precise earthquake and tsunami monitoring[C]//OCEANS, 2008: 1-4.

[9] Monna S, Falcone G, Beranzoli L, et al. Underwater geophysical monitoring for European Multidisciplinary Seafloor and Water Column Observatories[J]. Journal of Marine Systems, 2014, 130:12-30.

索 引

彩 图

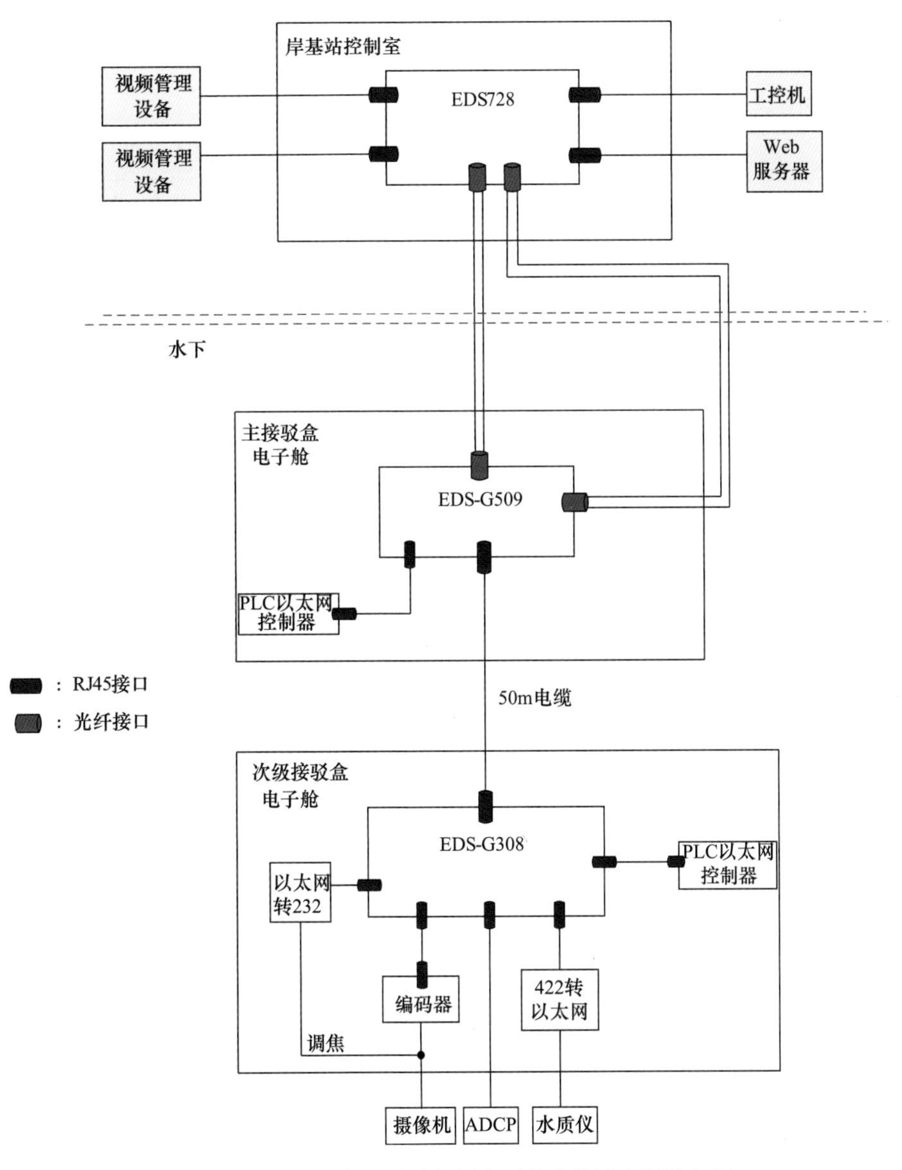

图 3.10 小型海底观测示范网水下信息传输主网构架图

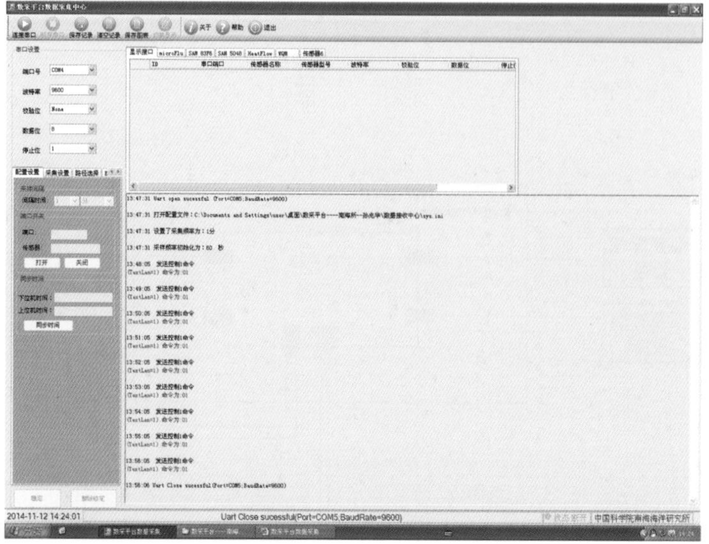

图 3.29　数采平台界面

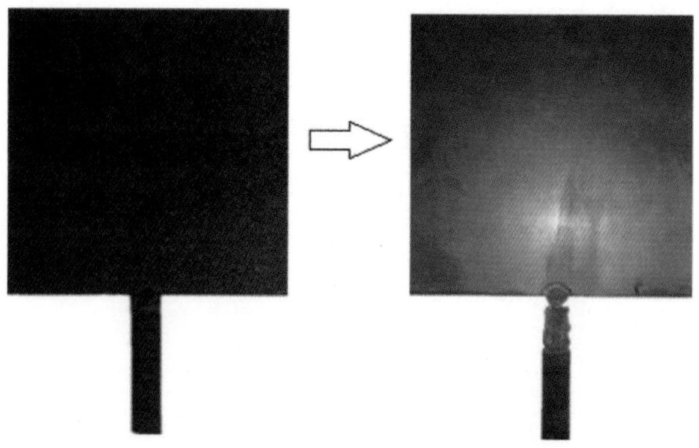

图 4.10　镀铂钛阳极实验前后变化图片

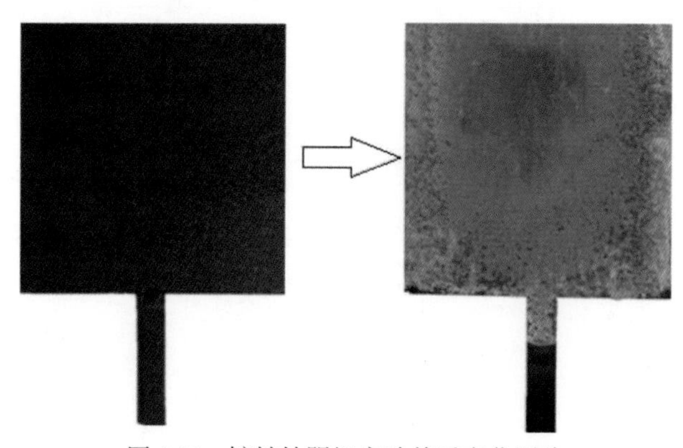

图 4.11　镀铂钛阴极实验前后变化图片

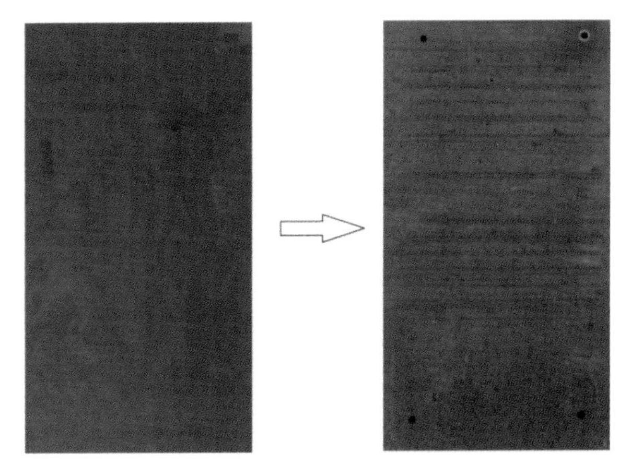

图 4.12　石墨阳极实验前后变化图片

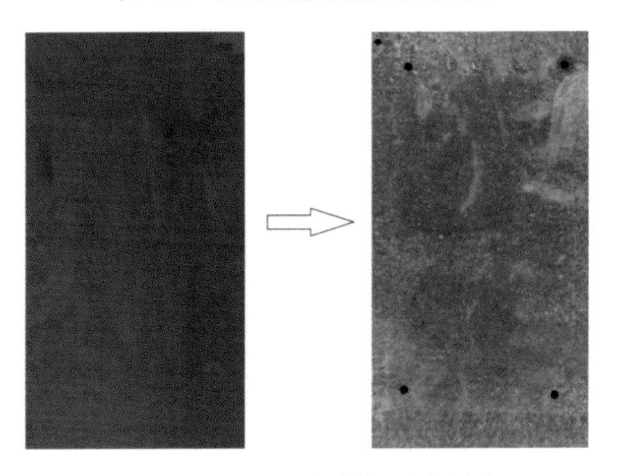

图 4.13　石墨阴极实验前后变化图片

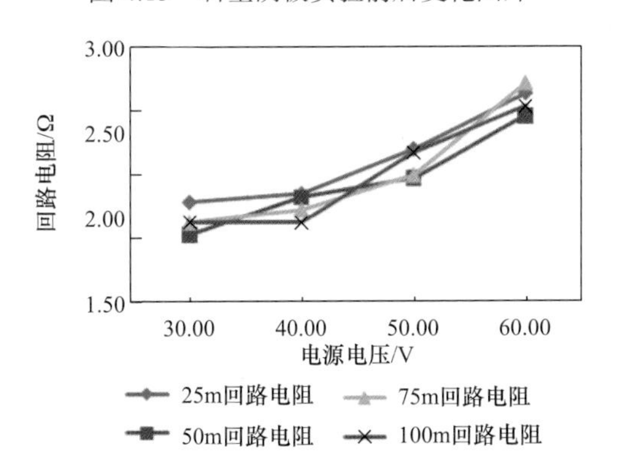

图 4.16　阴阳极间距变化时回路电阻的变化情况

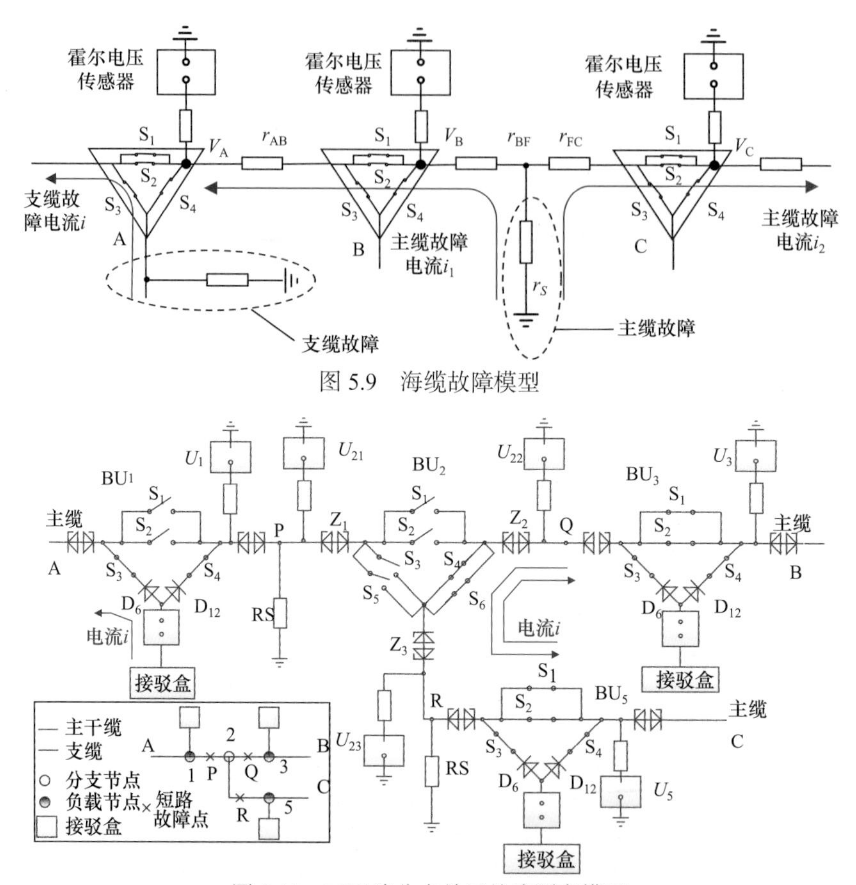

图 5.9 海缆故障模型

图 5.10 三通路分支单元故障隔离模型

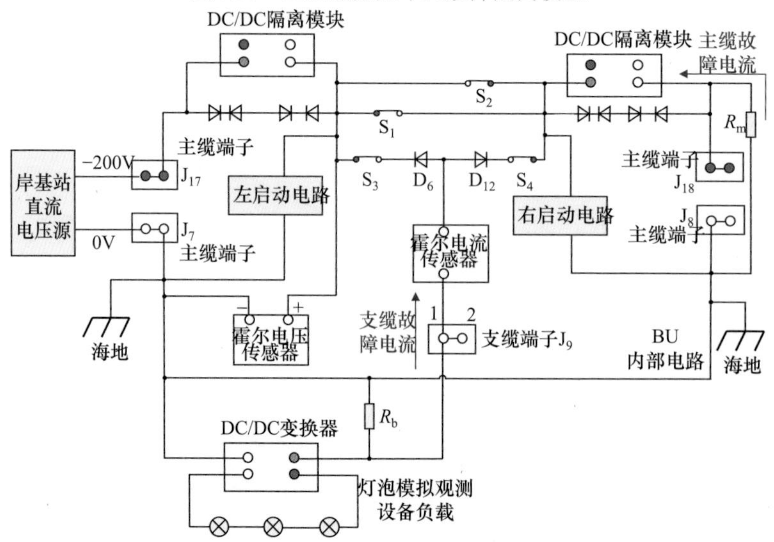

图 5.11 单通路分支单元故障识别隔离模式接线图

图 7.3　AUV 为海底观测网巡检光电复合缆

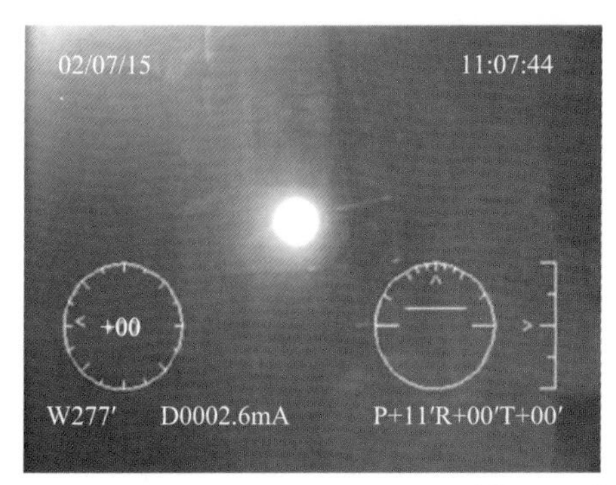

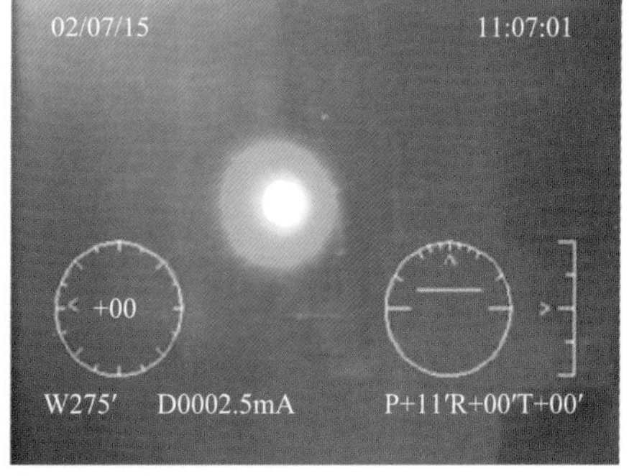

图 7.7　光源颜色选择

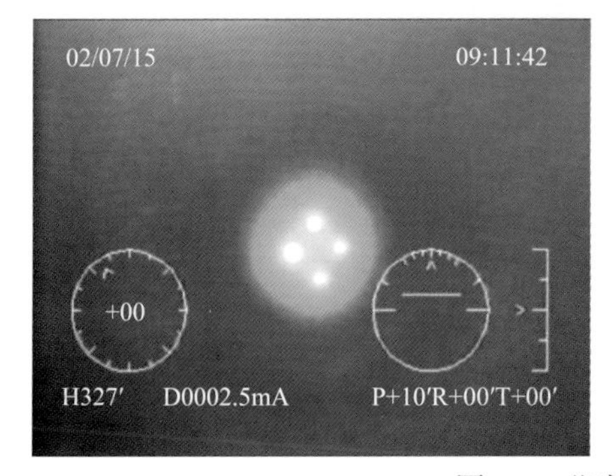

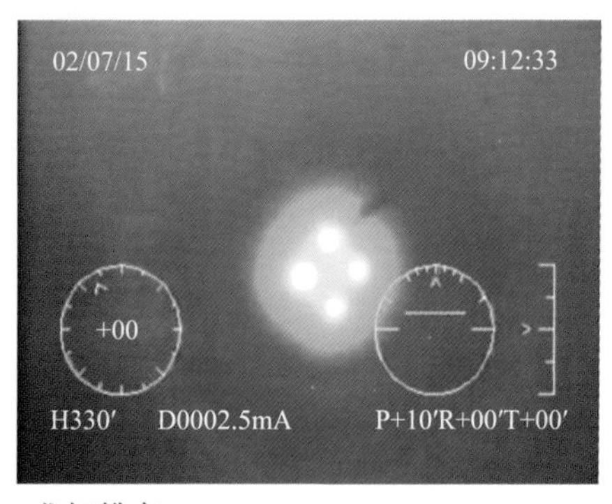

图 7.8　蓝光 4 盏灯排布

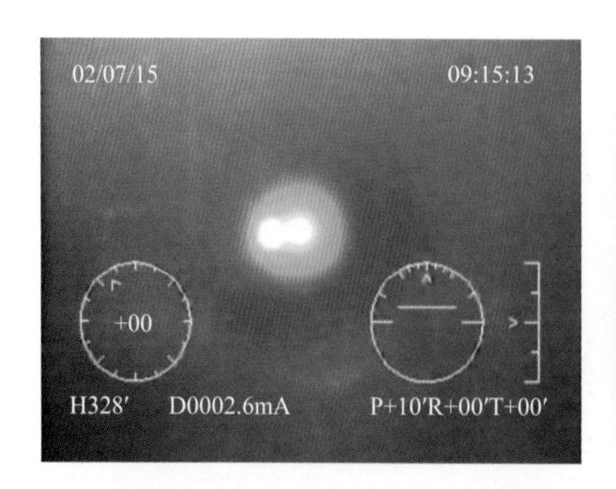

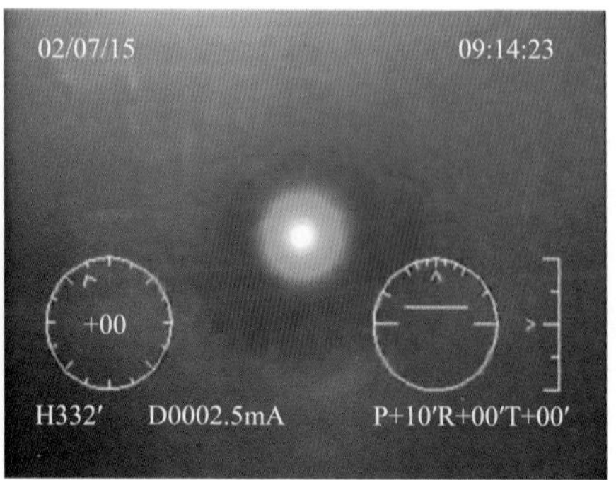

图 7.9　蓝光 2 盏灯排布

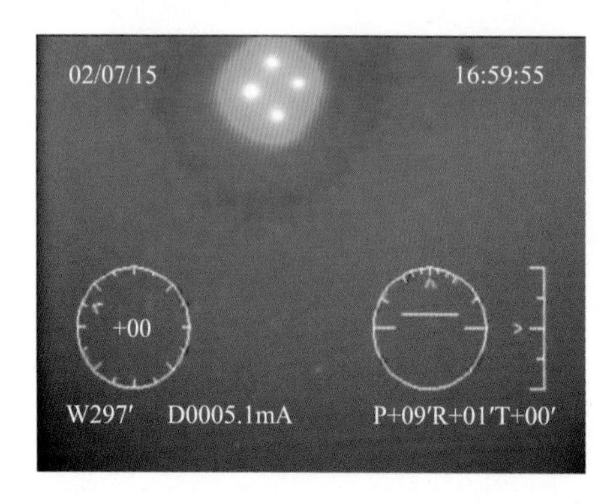

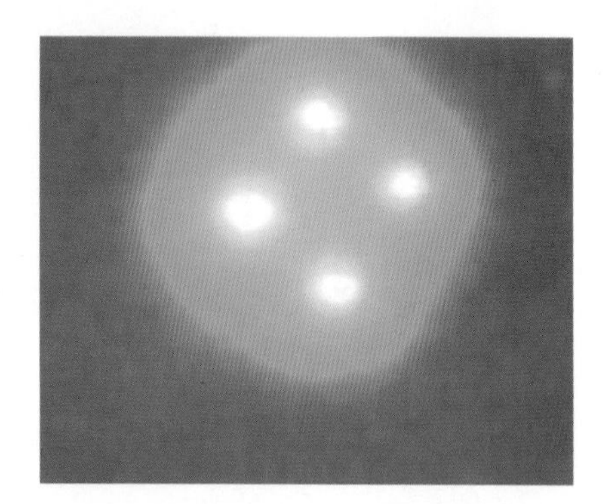

图 7.11　视觉分割

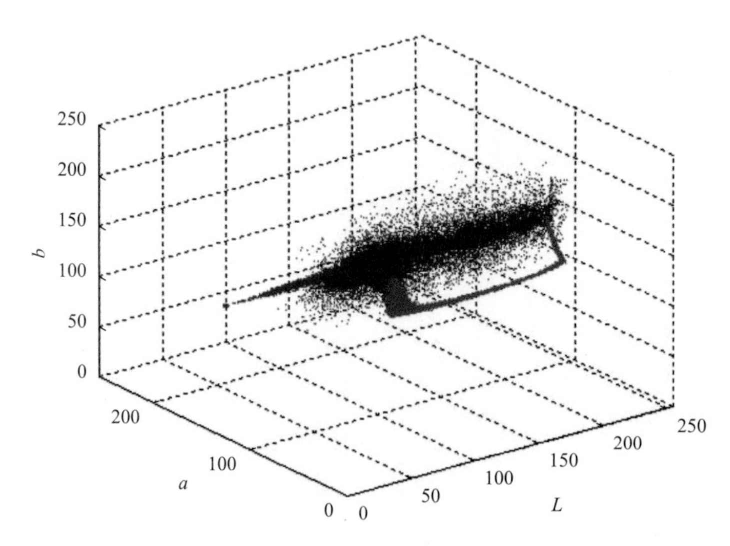

图 7.12　Lab 空间中的分布

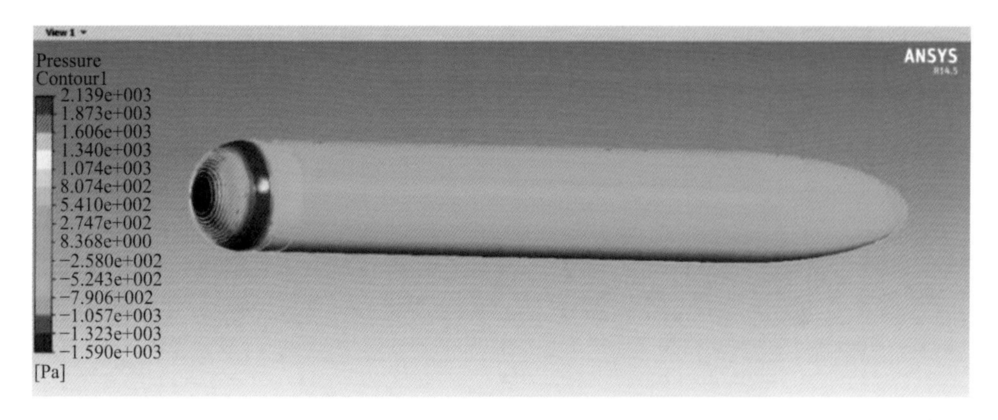

图 7.15 表面压强分布图

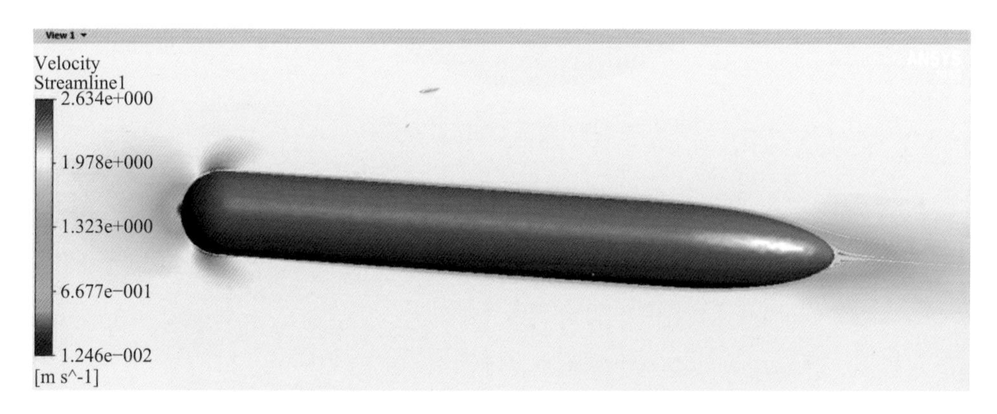

图 7.16 AUV 表面附近流体速度分布图

图 7.22 水下蓝光、绿光通信

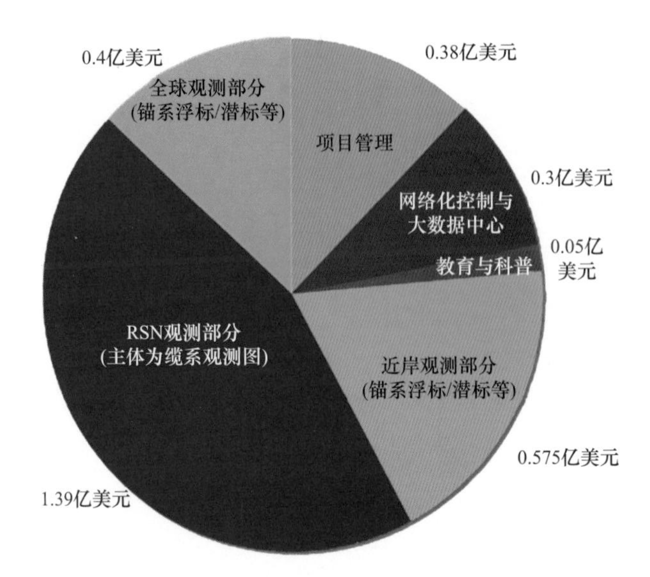

图 8.2　美国 OOI 建设经费